中国传统服饰文化系列丛书
河南省高校人文社会科学研究一般项目（2023-ZZJH-354）

近现代中原童装研究

Research on Children's Clothing in the Central Plains in Modern Times

夏伶俐　武利利　编著

中国纺织出版社有限公司

内 容 提 要

本书以近现代中原童装为研究对象，通过资料收集整理、留存实物案例解读和传统制作工艺讲解的方式来分析和阐述近现代中原童装特点。全书内容共分为三部分，第一部分为中原地区童装特点和中原地区民俗对童装的影响，第二部分为近现代中原童装的品类解析，第三部分为中原传统童装的制作工艺。

本书图文并茂，内容翔实丰富，将大量留存实物作为解析案例，针对性强。本书不仅适合服装专业的师生学习，也适合对传统童装有兴趣的广大服饰爱好者阅读。

图书在版编目（CIP）数据

近现代中原童装研究 / 夏伶俐，武利利编著 . -- 北京：中国纺织出版社有限公司，2023.11

（中国传统服饰文化系列丛书）

ISBN 978-7-5229-1125-0

Ⅰ. ①近… Ⅱ. ①夏… ②武… Ⅲ. ①童装－生产工艺－研究－中国－近现代 Ⅳ. ① TS941.716

中国国家版本馆 CIP 数据核字（2023）第 192391 号

责任编辑：李春奕　张艺伟　　责任校对：高　涵
责任印制：王艳丽

中国纺织出版社有限公司出版发行
地址：北京市朝阳区百子湾东里 A407 号楼　邮政编码：100124
销售电话：010—67004422　传真：010—87155801
http://www.c-textilep.com
中国纺织出版社天猫旗舰店
官方微博 http://weibo.com/2119887771
北京通天印刷有限责任公司印刷　各地新华书店经销
2023 年 11 月第 1 版第 1 次印刷
开本：787 × 1092　1/16　印张：8.5
字数：108 千字　定价：69.80 元

编委名单

前言

PREFACE

近现代童装的制作方式以家庭制作为主，“慈母手中线，游子身上衣”，从缝制童装的一针一线中能看到母爱的光辉。在古代，女红是每个女子都要学习的一门技艺，而刺绣和手工缝纫是女性的主要日常工作。据《考工记》中记载：“国有六职……治丝麻以成之，谓之妇功。”由此可见，刺绣是体现女红功底的技艺代表。童装中栩栩如生的图案描绘以及明快鲜艳的色彩搭配，以及渗透着生活智慧和美好愿望的刺绣技艺，无不展现出我国传统社会中女性扮演的角色和价值追求，体现出民俗礼仪文化。母爱是母亲的本能，母亲将对孩子的爱凝聚在缝制精细的肚兜、云肩、围涎、虎头鞋和虎头帽等传统童装中。母亲对孩子的爱细致入微、无怨无悔，孩子能健康、快乐、有前途、有福气是每一位母亲最大的心愿，缝制童装的一针一线都体现着家族对孩子的关爱，凝聚着人类对生命的崇敬和独特的审美视角。这些童装形制多变、色调明亮、工艺精巧、构思巧妙，展现着彼时、彼地、彼人的艺术素养。

本书将研究视角聚焦在近现代中原地区的童装演变，选取童装发展历史长河中的一段时期进行解读。中原文化形成的原因较为复杂，农耕文化是中原文化的主要代表。自古中原为兵家必争之地，历史洪流中的朝代变迁也使中原文化广泛吸收外来文化，形成了丰富多彩的中原文化。由于文化交融，中原文化具有了广纳百家之长的特点，本书中所提到的中原地区童装的制作工艺、穿着习俗以及服饰特征在其他地区也存在。

本书研究的历史时期集中在近现代史中清末民初到新中国改革开放之前的这段时期，目前仍有这一时期的较多实物存世，很多穿着习俗在中原地区依然有所保留，并且一些长者依然传承着传统制作工艺。但传统工艺制作的童装在当代儿童中却很少有人穿戴，大部分童装被作为一种传承的象征。近现代中原地区人口构成多为依赖农耕生产的乡村居民，农耕经济是乡村居民生活的经济基础，人们的精神生活也被历史所积淀下来的文化土壤所包围着。乡村生活的场景呈现出平静的慢节奏以及安静古朴的面貌，在这样的劳动生活场景中，人们逐渐养成了吃苦耐劳的品质，在缓缓流淌的岁月中，人们平平淡淡、忙忙碌碌，日出而作，日落而息，缓慢而充实地度过每一天。因此，近现代中原童装的设计题材大多具有生活化的特点，没有固定的设计规范，人们可以自由发挥想象并融入自己的情感，题材大部分是所见所闻的日常场景，以及对未来生活的美好祝愿。妇女们忙完农活，空闲时拿着针线缝制衣物，春夏秋冬都在为家里缝缝补补，为了给孩子做一件合身的新衣，妈妈们之间也会互相交流和学习，互相借用纸样、分享材料、交流经验，制作工艺的传承方式也多是上一辈对下一辈的手口相传。

清末民初是中国近现代史上一段新旧交替的时期，带来了社会习俗的改变，全国各地都纷纷掀起男子“剪辫”、女子“放足”的浪潮迎接新时代的到来，新的着衣观也随之产生。但由于信息传播不像现代社会那样通畅，造成民国初年出现了男子西装革履与长袍马褂并行的现象，女装中则出现了传统旗装与改良旗袍并行的现象。同时，在开放的城市和相对闭塞的乡村，人们的穿着方式也有很大不同。

一些学者认为，在封建社会时期，除一些专门为儿童设计的服饰如围涎、襁褓等，童装从形制到装饰基本效仿于成人服饰，其他服饰基本为成人服饰的缩小版。宋史专家傅伯星先生曾在《大宋衣冠》中直言：“古代没有‘童装’一说，儿童衣服即成人衣服的缩小版，唯色彩更鲜亮而已。”在大部分服装史书籍中，关于其他历史时期的童装记载确实较少，其主要原因是这些时期关于童装的留存实物、雕塑、画像和书籍等可研究素材相对较少。幸运的是，近现代童装留存实物较多，近现代服饰收藏爱好者、民间手工艺爱好者的手中以及服饰博物馆中都有一定数量的藏品，并且一些老人依然坚持手工制作，这些都是本书的研究基础和支撑。

辛亥革命后的民国初期，中原童装受社会主流恢复华夏传统思想的推动，一定程度上也与当时的爱国主义思想相联系，在服饰样式上很大程度地保留着民族传统样式，甚至某些地区的传统服饰形制并未发生改变。当时的一些童装尤其是当时的贵族童装与成人无异，多是成人服饰的缩小版，并没有根据儿童的行为习惯、穿着方式、心理情感需求以及喜爱元素等设计，儿童穿着大人认为合适的服装。据当时的一些刊物记载，母亲们通常喜欢把孩子装扮成头戴瓜皮帽、身穿小马褂和长袍、扎裤腿、脚蹬小马靴的形象，或者扮成头戴虎头帽、身穿对襟袄和开裆裤、脚蹬猪鞋的形象。

封建帝制的灭亡不仅意味着社会制度、社会政权的变革，同时意味着在漫长的封建帝制统治下所形成的一系列特殊纹样的使用禁令也被废除，如清末时期在宫廷、贵族中盛行的吉祥纹样也开始在民间广泛流传，带有吉祥寓意的图案被民众广泛接纳。近现代汉族民间服饰图案处处彰显出文化意识与生活特征交融的特性，并越来越突显其时代、民族、身份以及情感特征。服饰图案从外表看是对服饰的美化，其实却承载着不同穿着者对生活和理想的祈愿。它是一种文化记忆符号，记载着人类社会的政治体制、人文观念、审美标准以及民俗文化方面的变迁。

本书编者之一夏伶俐对于民俗童装的兴趣源于童年，其幼时生活在河南省，那里的孩子们很多都穿戴和使用母辈们用传统工艺制作的帽子、鞋子等，鞋子是纳的千层底，绣有石榴、蝴蝶、荷花等传统吉祥纹样，这种制作方法已经延续了几百年。然而随着生活方式的转变，现在的人们在信息快速传递的社会背景下慢慢习惯了快节奏生活，一些传统农业文明下的服饰以及生活用品等物品正在逐渐从人们的生活中淡出，感慨于生活方式快速转变的同时也为传统服饰的没落感到惋惜。传统童装所承载的服饰美学能为现代设计提供资源，是加强设计本土化和提升文化自信的重要根源。

本书在查阅书籍文献并对资料分析和整理的基础上，结合对河南科技学院服饰文化馆的藏品、民间童装收藏爱好者李茜收藏的藏品和各位前辈的研究成果等梳理而成。由于时间仓促以及水平限制，如有不足之处恳请广大读者批评指正。

夏伶俐

2023 年 1 月

目 录

CONTENTS

第一章

近现代中原童装的特点

第二章

中原民俗对童装的影响

第三章

近现代中原童装品类

第一章

近现代中原童装的特点

第一节　中原的概念界定

“中原”一词的形成经历了较长一段历史时期，艺术界对于“中原”一词的解释和中原地区的界定，也有广义和狭义之分。作为一个地理词汇，“中原”的本质意义都是基于“中”这个字指代的方位含义产生的，从字面上简单理解其是中华版图的中心。中国人对“中”字有着特殊感情，或许其字形犹如定海神针，因此古代有“得中原者得天下”的说法。在中华民族的长期发展历程中，“中原”的地理概念也在不断变化。纵观历史典籍以及目前学术界的研究成果对“中原”的定义，大致有三种不同的概念界定，本书按照从宽泛到狭窄的顺序依次列出。

广义上对“中原”概念的界定相对模糊，泛指黄河流域，如诸葛亮《前出师表》中“当奖率三千，北定中原……”中的“中原”即黄河流域。两周时期的中原地区除了今河南省外，还包括陕西省、山西省、河北省、山东省等地的大部分地区。《宋史·李纲传》中“自古中兴之主，起于西北，则足以据中原而有东南”中的“中原”则指黄河中下游流域。

狭义上对“中原”概念的界定仅指河南省区域，这是一个普遍被认为狭义的中原概念，具体范围包括：北到安阳一带，东抵豫东平原，南至信阳地区和南阳盆地，西达潼关以东。本书陈述主体中的“中原”概念为广义上的中原，即以河南省为主体，包括河北省南部、山西省南部、山东省西部、江苏省西北部以及安徽省北部的部分地区在内的区域。

中原具备区别于其他地域的独特地理特征，这也使中原文化易与其他文化区别开来。宋代李刚所说的“自古中兴之主，起于西北，则足以据中原而有东南”，则说明中原在古代帝王军事作战和巩固统治方面起着强大的支撑作用，是历代王朝统治者均以占据中原为正统的军事纲领的最好概括。在数千年的封建帝制的统治下，中原一直是封建社会的政治、经济、文化中心，具有重要地位。中原居民中汉族人占据了大部分，中原民间传统文化也在这丰厚的文化土壤中得以发展。综上所述，河南省作为中原的核心区域是本书研究资料的主要收集点，书中较多实物照片均是在河南省内获得，一些民间风俗习惯的介绍及实物照片等也会涉及河南省邻近区域。

第二节 近现代中原童装的特点

在五千年的文化传承中，我国各民族童装都形成了自己的鲜明特色，但在当今信息全球化背景下，现代信息技术的快速发展，加速了物流、文化、生活方式的互通，也突显了文化的多元性和差异性，在传统农业文明背景下的生活方式、民间文化、社会习俗逐渐被人们淡忘，导致目前我们在服装市场中所见到的童装样式绝大部分都来自西方的服饰体制。而独特的地理环境与人文氛围造就中原地区形成了汉族与少数民族交融多样的服饰文化遗产，不仅是凝结我国民间艺术精神的重要载体，也是维护中华民族文化独立性的宝贵财富。

近现代中原民间着装多沿袭明清服饰上衣下裳的旧制，呈现中西交融、缓慢西化的特点，服饰种类丰富，造型变化多样，具有“重缝纫，轻裁剪”“重配饰，轻服装”的特征。服饰整体颜色多倾向于玄、赤、青三色，图案配色多遵循题材本身色彩，刺绣、饰品等装饰工艺质拙朴实又清新秀丽。近代中原民间服饰变迁经历了一个循序渐进的演变过程，服饰形制、色彩、装饰图案等外在表象更加丰富，搭配方式更加多样，着装行为及选择空间增大。政治、经济与文化的变革是影响近代中原民间服饰流变的主要因素，其中政治因素起到引导作用，经济发展为服饰流变提供了物质基础，而近代以来逐渐平等、民主的文化传播环境则是促使服饰变革的主要推动力。

清末民国时期，封建社会所主导的等级森严的服饰制度得以废除，此时不同社会阶层的服饰则通过不同的面料选择、图案题材和制作工艺来体现。在面料的选择上，无论是女童的传统旗袍还是男童的上衣下裳，甚至新生儿的襁褓，富贵人家都优先选择真丝或绸缎，并且衣服上绣满花纹，领、襟、袖等处都镶有精致的花边，延续了奢华之风。城市平民的日常服装多为棉质，传统服饰与新式服饰并存，用绸缎面料制作并带有刺绣图案的服装仅在特殊场合穿着，较为珍贵。处于较低阶层的农村居民则大多采用自给自足的粗布搭配细致棉布。在图案题材上，富贵人家所用题材大多是构图饱满且象征身份、地位的花鸟，如凤鸟、牡丹、金蟾、金鱼等，大多是具有诗情画意的内容，有时也会有追求功名利禄的图案出现，如冠上加冠、平步青云、一路连科等纹样，而不会出现低阶层人们喜欢的劳作场景、家禽家畜等图案。低阶层人们喜欢的图案题材大多是日常所见的生活场景，用一针一线绣制出服饰图案，内容平实质朴，题材生活化，如家禽、菜地、孩童、农舍等具有乡村情趣的图案，充分体现了艺术生活化的美感。

我国民间童装图案内容丰富，形式多样，主要以自然界万事万物为原始造型，配以适当的装饰元素，并通过特殊的艺术手法使其艺术形式更突出，增加图案的艺术性和趣味性，符合儿童穿着的心理需求和视觉要求。我国五千年的民俗文化是中华民族独特的精神财富，也是一个内涵丰富、寓意深刻的文化宝库。童装作为服饰设计中的一种品类，体现着父母对子女未来的美好期盼，因此其设计更多地承载着希望的力量和深远的寓意。近现代中原童装的设计取材广泛、内容丰富，并且根据生活习俗、精神面貌、地理环境、历史特点、文化技术和审美观点的不同表现出不同的风格特色，图案大多数都以生活中的点点滴滴为设计原型，有的是来自大自然的动物和植物，如祥禽瑞兽、鱼鸟昆虫等，这些是最具象化的原型，是客观存在的形象，还有的来自自然现象，如风、火、闪电、雷雨等，而无论是以何种形象为设计原型，都凝聚着设计者对生活的细致体会。

近现代中原童装中大多数的设计都是通过模仿意境的方式表达其主题思想。在服饰造型和图案设计上使用了提炼、归纳的手法进行设计，设计过程中加入了传承下来的文化习俗和设计者的感悟，并根据现有条件制作。设计者对事物进行提炼时，一般保留其最典型、最本真的意象，而不仅仅追求外形的相似，因此这些童装同时具有很强的实用功能、装饰性功能和丰富的寓意。虎头帽、莲花帽这些都是过去童装的代表品类，虎是传统文化中的瑞兽，象征强壮有力；莲花意味着出淤泥而不染，是冰清玉洁的象征，且"莲"音同"连"，有"连生贵子"之意，是一种美好的祝愿。还有很多动植物元素经常运用在童装中，如狮子、麒麟、小狗等动物形象象征儿童的机灵、聪慧；石榴、莲子、葡萄、松鼠等寓意多子多福。由此可以看出，近现代中原童装中大多包含了极丰富的文化思想与观念，服饰图案的设计和制作总体从明清的繁华之风转向民国时期的吉祥寓意，图必有意，意必吉祥。

鱼跃龙门题材图案在近现代中原童装中十分常见。人们常用鱼跃龙门比喻事业成功或地位高升，该词出自《辛氏三秦记》，"河津一名龙门，禹凿山开门，阔一里余，黄河自中流下，而岸不通车马。每逢春之际，有黄鲤鱼逆流而上，得过者便化为龙"，因此鱼跃龙门也被称为"鱼化龙"。鱼跃龙门常被古人用作通过科举考试的比喻，古人一直把科举考试与日后飞黄腾达、步入仕途联系起来，"金榜题名""一路连科""指日高升"等均是古人喜欢的仕途吉语，关于这类题材的纹样常被用在童装上，寄托着父母对孩子"成龙成凤"的期盼。这类体现祈禄文化的图案不仅出现在童装及成人服饰上，也出现在日常器物和其他装饰品上。每个设计者也会根据物品的用途、部位、大小等做适当的调整，有时会搭配其他常见的吉祥纹样来丰富画面，有时会有鱼化身为龙后的画面内容。图 1-1 是采用打子绣、盘金绣制作的鱼跃龙门纹样，体现了父母望子成龙的期盼，配色柔和，画面中的鱼在涛浪里意欲一跃而起。

蝙蝠的“蝠”音同“福”，因此在吉祥纹样中也常常用到蝙蝠的图案。图 1-2 展示的是“五福捧寿”纹样，画面中五只蝙蝠形态、造型相似，细看又各不相同，增加了作品的丰富性，中间“寿”字选用同类色进行平绣而成。整个作品色彩丰富而不突兀，耐人寻味。

图 1-1 鱼跃龙门纹

图 1-2 “五福捧寿”纹

第二章

中原民俗对童装的影响

我国先民崇拜天地，视自然万物为神灵，中原地区的人们更是如此，他们仰观天文，俯察地理。人们渴望神灵庇护，拥有追求美满生活的愿景，于是出于对大自然的敬畏与想象，便产生了丰富的民俗信仰，这种民俗信仰深刻影响着中原地区儿童的服饰习俗，并最终演绎出丰富的象征性吉祥图案及仿生服饰。在近现代中原童装设计中，采用大量的吉祥图案作为装饰，起到了画龙点睛、锦上添花的作用。古人喻吉祥图案“图必有意，意必吉祥”，如借用蝙蝠中的“蝠”字寓意“福”，借用鹿的形象寓意“禄”，借用鱼的音寓意“有余”。有时也会将这些物象进行组合，如以牡丹、芙蓉的组合图案寓意“富贵荣华”，石榴开百子的图案寓意“百子千孙”，而用蝙蝠、蟠桃和石榴组合的图案象征“多福、多寿、多子”，将盘长纹称为万代盘长，寓意“子孙绵延”。有时又会将吉祥字语纳入装饰图案中，如麟趾呈祥、福禄寿喜、长命富贵，还有“凤戏牡丹”“麒麟送子”“连生贵子”“喜鹊登梅”“三元及第”“如意云头”等。这些吉祥图案都饱含着人们对福禄长寿的希望，对美满人生的祝福。

中原地区的民俗信仰促使童装上吉祥图案饱含丰富的象征寓意，这些寓意着子嗣绵延、福禄长寿、吉祥富贵等与生命繁衍相关的文化符号，在中原童装中不断呈现，并承载着人们深深的祈福愿望。旧时的中国女性，从小就开始学习穿针引线的技艺，无论是富家千金还是贫家女子，十几岁时就已经练就娴熟的织绣技艺，熟练掌握各种图案造型及其吉祥寓意，她们精湛的织绣技艺被誉为“中国女红”，而其中的童装又是女红表现的重点。母亲或其他长辈运用刺绣、挑花、补花、织花等工艺，借助鲜艳的面料色彩及生动的图案造型，在一针一线之间绣出具有诗情画意的纹样，并通过这些纹样为孩子构筑一个美好祥和的童年世界。童装不仅是精美的女红创作，更是弥足珍贵的体现母爱的艺术，这些闪烁着母爱之光的服饰，不但充满了童趣，同时也道尽了天下母亲的殷切祈盼，祈求孩子们平安健康地成长。近现代中原童装既是孩子保暖防寒的衣物，也是孩子们消灾免病的护身物。

在古代，人们把穿戴在身上的衣物都称为“衣”，如帽子为“头衣”，裤子为“胫衣”，袜子为“足衣”，“裳”则是用来指裙子，后来“衣裳”便成为人们对服装的总称。近现代中原地区服装的款式很多，民间对其命名也各不相同。根据着装的部位，有头衣（帽子）、上衣、下衣、足衣（鞋袜）之别，又有内衣、外衣之分。根据季节的不同，又有单衣、棉衣、夹衣等不同分类。童装在此基础上又有一些细化分类，如帽子，在中原地区的河南省，襁褓中的幼儿戴有呼吸帽（又称凉瓢帽或袼勒帽），稍大一些的儿童戴有相公帽，还有用于晚秋至早春时节的风帽等。近现代中原地区的人们对生育文化非常重视，根据不同的民俗文化，采用特定的服饰颜色、款式及工艺等手法，对童装进行仿生设计和纹样装饰等设计，以此来表达在不同民俗文化背景下父母对儿童的美好祝福和无限希冀。中原地区独特的育儿民俗在服饰中有较好的体现，包括从求子、孕育到出生再到养育成人过程中的各类服饰，人们对儿童的祝福贯穿儿童成长的整个过程。

第一节　百家保子习俗

百家衣就是一种为婴儿祈寿求福的服装，通常在孩子满月时给孩子穿上。百家衣寓意“吸纳百家之福”，民间百姓认为这样就能保佑孩子长命百岁和富贵有余，将来孩子会出人头地。百家衣的面料和制作工艺是非常讲究的，有些人家还会在每块布料上绣上花卉、动物、人物等图案，根据选取题材的不同产生了多种不同的造型效果。

一、百家衣由来

独特的民风民俗给中原大地涂上了如诗如画的色彩，幼儿穿百家衣吃百家饭就是其中比较有代表性的民俗文化。百家衣的种类繁多，囊括了传统童装的很多种类，其中以上装居多，包括肚兜、坎肩、袄子和背带等，长辈们都希望从服装上尽可能为小孩送上祝福。百家衣的文化内涵代表的是我国传统的育儿风俗，是长辈们对孩子深爱的表现，也象征着人们对美好生活的向往。

百家衣是近现代中原童装中重要的一种品类，“百家”是指制作材料出自很多家庭，约有百家之多，将这些不同家庭贡献的布料做成衣服，并取名为“百家衣”。孩子出生后，啼哭之声打破了家庭的沉寂，全家人为孩子的到来欢欣鼓舞，这时孩子的奶奶、爷爷等长辈就要向邻居街坊报告喜讯，并向百家近亲好友要来布块，为孩子积攒做衣材料及祈福求愿。特别是姓氏为“刘”“陈”“程”的人家，其姓氏的谐音为“留”“成”，这些姓氏谐音寓意孩子能“留下来”“长大成人”，都是吉利之语，对于保佑孩子成长有着举足轻重的作用。因此对于这些人家提供的一小块布头或是一方旧布片，老人们都会珍重地保留下来。制作百家衣的布块大小和花色不太讲究，对于邻居赠送的布料均会欢喜接纳，一般以蓝色为最好。老人们把所收集的百家的布料缝制在一起，便做成了百家衣。缝制百家衣的讲究也很多，如布纹的走向、拼接图案等，都有约定俗成的规矩。通常做成的衣服不在胸前开口，而是做成偏开口的大襟衫（又称道袍衫），既能保护幼儿的胸口部位，又方便穿脱更换。

二、百家衣制作

在中原地区，新生儿的百家衣既象征着传统的邻里礼仪，也是通过集腋成裘的方式来广沾福缘的庆典。宋朝诗人陆游有诗曰，“哀哉穷子百家衣，岂识万斛倾珠玑”。由这句古诗可以看出，贫困人民也能把苦日子过出亮色。敦厚的乡间人民认为婴儿穿上百家衣可以健康平安，所以家人会向邻里四方要来小块碎布，并用这些布缝制一件五彩斑斓的百家衣。时尚风云变幻，百家衣跟随着时代不断变化的同时，一些经典的元素也在循环流行。例如，农业社会背景下的百家衣，在近现代又和国际上流行的古典唯美主义手工艺拼布艺术产生了碰撞，仿佛不同的乐器共同吹奏出了同一首悦耳的曲子。

百家衣从外表上看好似将碎布随意拼凑而成，实际上则需要按照碎布的形状、大小、色彩和图案等元素，进行协调、有序地拼接。

在河南南阳地区，人们传承下来的百家衣制作过程中，有大大小小二十多道制作工序。首先是去各家要来碎布，或者去裁缝铺寻找布料，接下来将从外找来的碎布清洗晾干，之后挑出稍微大一点的布片，按预先设计的纸板样式剪裁成小片，再从中挑出条形碎布对折成小三角形，用熨斗烫平。用提前准备好的糨糊把小三角形碎布的角与角、线与线对齐，叠层黏合，将单一的小三角形组合成一个八角形，接下来按需要的尺寸将这些碎布缝制成小片。把若干大小相同、主次分明的八角形布片相套相连，向四周循环分布，组成一片四方形布料或需要形状的布料，再将每一片缝制起来成为一组。缝制好之后，利用针线将每个小角固定，针线要正好落在小角的角尖处，如有偏差，就会影响整片布料的美观性。同时，布料选取、色彩搭配、缝纫技艺及整体的裁剪和制作，都是至关重要的设计要素，是决定一件百家衣成衣品质的关键。

中原地区的人们相信给孩子穿上百家衣能够压灾除难，保佑孩子长命百岁。而中原地区关于百家衣的习俗，与其说是一种讨喜的迷信，倒不如说是人们对新生命到来的喜悦之情的表达。百家衣材料的不可复制性，使每一件衣服都是独一无二的，慈母之爱和乡里之情透过一针一线体现在百家衣之中。百家衣的制作过程包括从小片组合的画图、制板、修板，到选取材料、裁剪布片，再到小片缝制为大片，最后到成衣，制作过程中的每个环节都需要认真细致，制作成果体现了浓浓温情，充满了长辈对新生儿茁壮成长的美好祝愿。同时，百家衣的设计中没有跨洋越海的花哨元素，都是来自中原故土在三餐四季的乡间节令中的淳朴文化元素。在这些设计元素的基础上，将零碎的布头通过拼接、缝补等工艺手法变换为富有童趣的服饰。因此，百家衣的制作过程饱含着母亲与其他长辈的爱意，以及她们精湛的手工技艺。

三、百家衣工艺

由于儿童的心理发育还未成熟，好奇心强，同时他们的身体发育较快，体形变化较大，所以童装相比于成人服装，在设计时需要更加重视趣味性、安全性等方面。在百家衣的制作工艺方面，最具代表性的装饰工艺就是拼布，同时还会结合多种其他工艺手法来进行美化和装饰，如刺绣、镶嵌、绲边等。

由于是从“百家”收集的布料，所以颜色和形状各异，人们便根据朴素的审美观发挥想象，将这些杂乱无章、毫无关系的各色布块裁剪成一定的形状，再将颜色进行分配，利用拼布技艺拼凑缝制，最终制作出一件色彩搭配新颖、色块分布规律的服装。

百家衣采用的传统的拼布技艺即将碎布进行拼接，是其主要且独特的工艺形式。拼布技艺历史悠久，早在原始社会，人类就能够用骨针将兽皮拼缝在一起，这也就是最早的也是广义上的拼布技艺。我国传统拼布技艺一般可以分为两大类，即“拼”与“补”。“拼”就是将两块分开的布料沿着横向或纵向用针法组成一块完整面料，其中横向被称为“拼”，纵向被称为“接”，将两块相同或不同的面料拼接之后，就可以形成一个全新的组合。“补”就是在已有面料或服装上，通过粘贴、堆积或镶缀等工艺在原有面料上增加其他面料，以达到新的缝补或者装饰效果。这种技艺手法原是用于贫苦百姓缝补破旧衣服，后也作为美化装饰出现于其他服装中，在一些少数民族的服饰中，如今仍然十分常见。在服饰的装饰方面，“补”又包括了贴补、堆补和镶花、补花等工艺。贴补是指将准备好的布片用贴缝的工艺手法覆盖在原面料上，而这块用于贴补的面料上一般有印染或者刺绣而成的图案，这是最基本的补缀技法。堆绫则是将面料一层层堆积起来缝补形成新的面料，呈现出的效果通常多种多样。镶花是一种较为精致的工艺手法，先将颜色不同的布片剪成所需图案的形状，再结合镶拼的工艺贴补在面料或服装上，然后沿着图案边缘采用镶金银或用手绣的方法再装饰一遍，使外观效果精美而珍贵。

在进行百家衣的布料拼接时，将布料构成的相对简单的几何图形进行不同的排列组合，形成新的几何图形，其中最基本的图形一般是三角形、菱形、正方形或其他一些正多边形。接着在此图形的基础上进行重复，形成四方连续图形，正是这样的有序重复给了百家衣布料的拼接一种秩序感。布料拼接的图形方式有很多种选择，民间较为广泛的是选用正方形或菱形为基础图形，通过拼接演变出立体的正方体视觉效果。将碎布裁剪的过程也是制作者创作的过程，看似颜色都差不多的百家衣，其实每一件都是独一无二的。布料的裁剪过程相当灵活，制作者会根据自己的想法和实际情况来确定裁剪的形状、大小和方向等，有时虽然是一些相同的布料，但由于通过不同的裁剪方式、裁剪方向及拼接中使用的贴补、堆补等不同工艺手法，又产生了完全不同的艺术效果。

百家衣是拼布艺术在我国传统服饰中应用的典型代表。民间百姓常用的袼褙是应用拼布艺术的原始形式，直至唐代才出现了应用拼布艺术的最高形式——保佑儿童的百家衣。百家衣通常以“母亲下传女儿”的形式代代传承下来。在山西晋中一带，孩子的百家衣是由家庭中德高望重的女性如奶奶、祖奶奶等，沿街到邻居各家讨取小布块制作而成，乡间称为“讨百家”，寓意可以享受百家福，将来孩子会出人头地。百家衣的拼布造型不但寓意吉祥，同时造型丰富有趣。例如，近现代中原地区的幼儿背褡百家衣（图 2-1）通过将不同色彩的布块拼接，组成了抽象的金鱼造型，其中有红色、白色、棕色、蓝色，虽然颜色多样，但拼接在一起却形成了别样的服饰色彩。

图 2-1　背褡百家衣

第二节　成龙成凤祈愿习俗

人们希望健康长寿，想要生活美满，期盼幸福和吉祥永远伴随自己及子孙后代，并把这种精神寄托和渴望寄于日常常见的服饰之中，通过穿戴各式各样的服饰来表达愿望和情感寄托。中原童装品类丰富，制作技艺精湛，蕴含独具特色的服饰文化，承载着人们对生命的解读和对幸福的祈盼。这些童装通常选用精美的织绣工艺精心制作而成，童装上丰富生动的图案体现了吉祥寓意以及人们对美好生活的追求向往。长辈都希望自己的孩子在未来能够成为人中龙凤、一举高中和飞黄腾达，这些美好愿景在中原童装中都有淋漓尽致地体现，有些通过服饰的仿生设计传达，还有些通过服饰上的装饰图案表达。

一、成龙成凤祈愿习俗概述

古时的灌溉技术相对落后，雨水是农业生产的全部保障，古时的人们只能“靠天吃饭”，而龙是古代传说中能够兴云作雨的神物，在天能呼风唤雨，在地能为人降福消灾。所以龙纹被人们用作图腾并受到人们的敬仰和崇拜。人们塑造的龙纹造型集蛇身、鱼鳞、鹿角、鹰爪、蛇尾等多种不同动物的形象为一体，是一种意象化的图案，是我国传统祥禽瑞兽装饰纹样的代表之一。龙被神化后，封建社会的人们又把龙与帝王崇拜结合在了一起。古代帝王自称是龙的化身，并把龙纹作为帝王显贵地位的一种象征，用于帝王服饰上的龙纹集传神、写意、美化等特点于一体，是英勇、权威和尊贵的象征，龙纹也成为我国古代皇室御用的服饰图案。当时的平民百姓也都希望自己的儿子能够长大成才，都盼望儿子能成为出类拔萃的显耀人物，于是将服饰中装饰的龙纹进行抽象变形设计，如将鱼和龙结合的纹样。

凤凰又被称作凤鸟、丹鸟，是我国古代神话传说中集多种鸟禽于一体的意象化神鸟。在我国古代神话传说中，很久以前，凤凰只是一只很不起眼的小鸟，但它很勤劳，将其他鸟儿扔掉的果实收藏在洞里。有一年森林大旱，凤凰把自己多年来收藏的果实拿出来分享给大家，同大家共渡难关。旱灾过后，为了感谢凤凰的救命之恩，鸟儿们都从自己身上选了一根最漂亮的羽毛拔下来，并将这些羽毛制成了一件光彩耀眼的“百鸟衣”献给凤凰，还一致推举凤凰为“鸟王”，此后每逢凤凰生日之时，四面八方的鸟儿都会飞来向凤凰表示祝贺，于是便有了“百鸟朝凤”的传说。凤凰长冠飞羽、卷尾曲爪以及翅膀灵动飘逸的优美形象，常被当作纹样并应用于宫廷皇室女子服饰之中。凤凰纹样也是我国传统祥禽瑞兽中的代表性鸟纹，与象征帝王的龙纹相配，是封建王朝中女性高贵地位的象征，还是传说中能给人带来和平、幸福的瑞鸟，象征吉祥与喜庆，是融合了现实与理想的完美形象。凤凰纹样在服饰中的装饰应用历史悠久，凤凰的形象也在历朝历代中不断演化与发展，产生了各种造型和姿态的凤凰纹样，如团凤、盘凤、对凤、双凤、飞凤等，均以其独特的艺术魅力成为体现中华民族文化内涵的经典图案纹样，同时在大量的古代服饰中应用并流传下来。龙纹和凤凰纹样通常为皇室御用的图案，在普通百姓服饰中的应用通常进行了变形设计。

普通百姓期盼自己的后代也能成为显贵人士，因此民间不但崇尚“鱼化龙”的神话，还创造了“鲤鱼跳龙门”“一路连科”“独占鳌头”“朝阳鸣凤”“三元吉祥”等寓意美好的神话故事。在中原地区的民间习俗中，人们认为要让自己的孩子先成为“鱼”，这里“鱼”代表着“龙籽”，先成了“鱼”，将来才有希望成为“龙”，或者在以后的科举考试中一举高中。长辈们常常通过给自己孩子穿戴饰有鱼形图案的童帽、童鞋和肚兜等服饰，或者饰有具有科举考试顺利寓意的神话故事和农耕生活场景等吉祥图案的服饰，颂祝孩子能够仕途顺利，一帆风顺。

中原地区的人们无论贫穷富贵，都很注重服饰的穿戴，同时，服饰的选材以及缝制过程都体现着人们的美好祝愿以及民俗忌讳等，童装更是如此。古代帝王为了巩固政权，将龙、凤纹赋予特殊的政治内涵，之后龙、凤纹也被用于民间服饰中，在童装中也常有应用。近现代中原童装中常见的表达成龙成凤祈愿习俗的纹样题材可以归纳为两类，一类为表达阶层转变的题材，如表达“鱼”向“龙”转变的民间祈愿等纹样；另一类为表达科举高中、仕途顺利的题材，如“独占鳌头”“三元吉祥”等寓意吉祥的装饰纹样。在我国古代，“鱼化龙”的传说早已有之，由历代民俗、传说衍变而来，它历史渊源悠久，可追溯到史前仰韶文化半坡类型的鱼图腾崇拜。在皇室的引领下，民间亦出现“鱼龙变化”“龙头鱼身”等带有寓意的纹样，这些也都在中原童装上有所体现。其中具有代表性的纹样有：“鲤鱼跳龙门”，既是对这个民间传说的形象表达，也寄托着长辈们的祈盼；“望子成龙”则代表着对男孩步步高升、一朝交运的美好祝愿。

二、成龙成凤祈愿习俗与童装

（一）飞黄腾达祈愿习俗

民间百姓都希望自己的子孙后代能够飞黄腾达、成龙成凤，于是便有了“鲤鱼跳龙门”这样的民间传说。“鲤鱼跳龙门”的传说寓意“高升”，也指人事业未成，或时运不济，故平时要不忘上进，待时来运转，则水到渠成。那么，鲤鱼跳的“龙门”在哪里？根据北魏郦道元撰写的《水经注》，黄河壶口应该就是鲤鱼所跳的“龙门”。相传，由于黄河河水浑浊，一般鱼类不能存活，只有耐污的鲤鱼生存良好。古人发现，每年到了春季的时候，这些金色的鲤鱼便会逆水上溯，在“龙门”前形成跳跃的群体，但由于瀑布以上的水流湍急，鱼类很难登上，所以古人们想象这些金色的鲤鱼跳过“龙门”以后，就会变成龙升天而去。此后，人们用“鲤鱼跳龙门”的传说表达希望孩子健康成长的美好愿望，孩子像鲤鱼一样跳过龙门“成龙”，就能够飞黄腾达。在民间吉祥图案中，画面中常出现鲤鱼跃于两山之流水中的场景，象征着仕途高升。

图 2-2 儿童坎肩上的“鲤鱼跳龙门”

鱼在人们心中是祥瑞的象征，除了寓意富裕和年年有余，还是“多子”的象征。在近现代中原地区儿童坎肩饰有的“鲤鱼跳龙门”图案中，有一条鲤鱼在龙门下面高高跃起，似乎正要跳过龙门，刺绣纹样图案以水面露出的鲤鱼的头部与尾部为主，巧妙展现出了鲤鱼的动态感，上面耸立的龙门寓意着中举、高升、飞黄腾达的美好期盼，表达了逆流前进、奋发向上的精神追求。四周衬以如意纹、云朵纹及水波纹等纹样，整幅画面营造出和谐欢快的氛围，也蕴含着长辈祈愿孩子在未来能够“鱼化成龙”的深意（图 2-2）。

鲤鱼纹样在服饰中进行装饰表达时也常用其谐音寓意，因为“鲤”与“利”谐音，所以鲤鱼又用来象征生意中受益或盈利，如画面中有家家买鲤鱼的场景的图案，其吉祥寓意是“家家得利”；服饰纹样中展现了一个渔民正将鲤鱼卖给一个带着小孩的妇女的场景，寓意着获得好的收益和更多的福利；在一些服饰纹样画面中有一位年轻女子正注视着站在溪边的女仆，女仆提着的水桶中有一条想跳出来的鲤鱼，可用来祝愿受赠者在他的生活中超群脱俗；饰有有鲤鱼和月亮的服饰纹样图案叫“鲤鱼望月”，象征吉利和预兆人们未来发迹。在中原地区，民间关于鲤鱼跳龙门的传说有很多，河南洛阳、长江三峡、陕西韩城等地都广为流传。这类故事的结尾都是一条普通的小鲤鱼跃过了龙门，然后就变成了一条能呼风唤雨、腾云驾雾的神龙。另外，在“富贵有余”“年年有余”等吉祥图案中出现的鱼，因为鲤鱼具有的美好寓意，所以一般选用的鱼的品种也都是鲤鱼。

（二）科举高中祈愿习俗

中原地区的人们也常把芦苇和莲花的造型用在童装中。旧时的科举考试将连续考中称为“连科”，因为芦苇生长时连棵成片，人们便取其“连科”的寓意，又因“莲”与“连”谐音，也可寓意“连科”，所以人们在童装上装饰芦苇或者莲花的造型，寓意在科举考试中一路连科，颂祝仕途顺利。旧时的科举考试分乡试、会试、殿试三级，乡试的头名被称为“解元”，会试的头名被称为“会元”，殿试的头名被称为“状元”，三者合

图 2-3　儿童套裤

称为“三元”。民间百姓便以三种圆形的果实构成的图案作为童装纹样装饰，寓意“连中三元”或“三元及第”，有时也以三个元宝或三枚圆形钱币的造型寓意“连中三元”。

吉祥图案中寓意一路连科的纹样是较为常见的，图 2-3 为一件中原山西地区民国年间的儿童套裤，上面绣有鹭鸶纹样、荷叶纹样、芦苇纹样以及莲花纹样。其中，“鹭”与“路”同音，“棵”与“科”同音，“莲”与“连”同音，寓意着“一路连科”，借此祝愿儿童未来科举考试顺利，仕途顺畅。

除此以外，在近现代中原童装中，常见的服饰纹样还有不少与鳌相关的，通常用来表达长辈对晚辈的期望、勉励或者庆贺。在我国古代神话传说中，龙生九子，鳌是其一。传说“龙生九子不成龙”，九龙子性情各异，第一子名为霸下，形似龟，也就是民间所说的鳌，好负重，力大无穷。传说在上古时期，霸下常驮着三山五岳在江河湖海里兴风作浪，后来大禹治水时收服了它，它服从大禹的指挥，推山挖沟，疏通河道，为治水做出了贡献。民间关于鳌还有其他不同的说法，有些将大海里的大龟或大鳖称为鳌，也有些将“龙头鱼身”之物称为鳌。“独占鳌头”的说法由来已久，“状元及第”又被称为“独占鳌头”。唐宋时期，皇宫台阶中间的石板上刻画有龙和鳌的纹样，凡是科举中考的进士都要在宫殿台阶下依次迎榜。第一名站在“鳌头”处，于是人们称殿试中的状元为“独占鳌头”，期望自己的孩子在科举考试中能中状元，后也泛指第一名，有时人们也用“独占鳌头”形容出人头地的人。中原地区人们对于儿童成年后科举高中的祈盼体现在童装上时也具有鲜明的地域特色，人们将与鳌的形象相关的吉祥纹样装饰在童装上面，或者做成抽象的造型形象，祈盼幼儿长大成人之后能够成龙成凤、独占鳌头，有一个美好前程。

（三）其他祈愿习俗

中原童装中还有不少与鸡相关的纹样。人们通常把鸡称为“金鸡”，有时也称为“吉祥鸟”，认为鸡是吉祥之物。民间对于鸡还有很多其他叫法，如“家鸡”“德禽”“烛夜”等，其中公鸡又称“叫鸡”“司晨”等，母鸡又称“草鸡”“牝鸡”等。在古代传说中，鸡有“文、武、勇、仁、信”五德，“文”主要是指鸡的鸡冠在头顶，很像古代男子成人礼之后在头上戴的帽子，看起来像文质彬彬的君子，很有文德；“武”主要是指公鸡通常好斗，它们的爪子后面支起来的造型像古代的一种兵器，所以又说公鸡具有武德；“勇”主要是指公鸡不但好斗，而且很勇敢，很多古人一直戴鸡冠造型的帽子来说明自己是个勇士；“仁”的方面，养过鸡的人应该比较了解，那就是鸡不吃独食，主人抛撒食物之后它们总是互相鸣叫，成群结队一起去吃，这种讲究仁义道德的行为可称为“仁”；“信”则是指鸡会在每日准时鸣叫，信守承诺。同时，“鸡”与“吉祥”一词中的“吉”字同音，寄托着古人对美好生活的祈盼。

在我国传统文化习俗中，人们把鸡视为吉祥、勤劳、勇敢、自信的象征。大公鸡引颈啼鸣的动作象征着黑暗即将离去，光明即将到来，预示光明的前景。图 2-4 为一件近现代中原地区的儿童肚兜，肚兜上面采用平针绣法绣有花卉鸡纹，鸡首高高昂起，头顶火红的鸡冠，身披光彩夺目的美丽羽毛，显得威风凛凛而又高傲，整体呈现了一只生动的公鸡造型。身上五彩斑斓的羽毛像一件条纹衬衫，尾巴向上翘起，灵动飘逸。公鸡的鸡冠也寓意“辟邪”，同时“冠”与“官”同音，寓意“高中”“当官”“高升”，因此与鸡相关的纹样也用来寓意孩子未来大展宏图，前程似锦。

图 2-4 儿童肚兜

第三节 多子多福祝愿习俗

在生产力落后的古代，充足的兵源是一个国家重要的国防保障，而中原素来为兵家必争之地，因此繁育后代就是与国家存亡同等重要的事。于是发展到近现代，中原地区便有了“子孙昌盛，家大业大”“多子多福”等一脉相承的传统思想与相应习俗。中原地区的人们对于过上安康幸福、子孙昌盛的生活的渴求深厚而久远，他们一直重视生命的延续，祈盼人丁兴旺，瓜瓞连绵、子孙满堂、多子多福成为美满幸福的象征，对子孙兴旺祈愿的图案在近现代中原童装中也非常常见。

一、多子多福祝愿习俗概述

中原地区的人们通过服饰纹样及其装饰工艺，将山水、花鸟、神话故事、吉祥物等图案展示童装在上面，表达对孩子美好生活的祈盼。中原童装不仅是一件衣服，而且代表着人们对服饰美及美好生活的憧憬与追求，更代表着中原传统生育文化的传承与积淀。在封建社会中，落后的生存条件以及自然灾害等各方面的原因使婴儿死亡率较高，人们为了让孩子能够平安长大，将对孩子健康成长的期盼寄托在服饰中，并通过各种形式陪伴着孩子成长。这种趋吉避凶和向往美好生活的精神需求简单质朴，所表现出的民俗形式也非常丰富、淳朴。中原童装的款式、图案装饰等设计元素，不仅具有美学价值，而且具有文化价值，其中也包含了民俗礼节与纲常礼教的内涵，不仅体现了民族文化，更加体现了人们对于养育后代的情感阐释。

中原地区的生育习俗，包括从求子到出生再到抚育过程中相关的各种礼仪规定，都有相关的服饰来表达多子多福的祝愿。我国一直都非常重视生育文化，不仅注重生育的数量而且注重生育的质量，“优生优育”的传统观念影响至今。从我国传统的生育文化整体构架来看，中原地区的生育文化主要包含了求子仪式、生育方式、诞生礼仪、婴儿护理、抚育婴儿等多种习俗，同时也包含了伴随其中的丰富多彩的口承文化。

中原生育文化主要包含了两部分内容，一部分是人们在繁衍后代的过程中形成的一系列与生育相关的习俗和礼仪；另一部分是生育信仰，生育信仰是民间信仰的重要组成部分，也是生育文化的核心。生育礼仪和生育信仰在童装中也有很多体现，如童装中的“鱼莲”图案，构成的主要元素为“鱼”和“莲”，组合方式变化多样。“鱼莲”图案描绘的画面为鱼戏于莲旁边，好像人们追逐爱恋的场景，鱼与莲“多子”的特点又象征着人们繁衍生息的生育信仰。人生礼仪是一个人一生中在不同年龄阶段所举行的仪式，通常以“岁”为单位计算，几乎每岁都有一定的礼仪。按照人生的不同阶段进行划分，人生一般可划分为诞生、成人、婚嫁、寿辰及丧葬五个阶段。但是重大礼仪只在几个重要阶段出现，由此构成了人类生活普遍遵循的四大礼仪习俗，即诞生礼、寿诞礼、婚礼、葬礼。中原地区的诞生礼包括了求子仪式、孕期习俗、庆贺生子等一系列的内容，而且中原地区诞生礼仪与人们的生育信仰、生产和生活经验等多方面的民俗文化相互交织，蕴含着劳动人民的智慧，集中了劳动人民的创造力，是劳动人民生活的真实写照。呼唤生命和珍惜生命是中原地区民俗文化的主题，是人们生生不息的重要原因。这些礼仪习俗以及其在童装上的表现，刻印着人们对生命的殷切探索，同时也浸透着人们朴素的审美观和善良的品质。人们将反映神话传说和世俗生活等题材的图案装饰在服饰的相应部位上，营造出欢快、喜庆的气氛，寄托人们心中的愿望，在童装表现上，达到了纹样的形与意、情与景的交融统一。

二、多子多福祝愿习俗与童装

在近现代中原童装中表达多子多福祝愿习俗最主要的装饰手法是图案纹样，多子多福主题的纹样可分为爱恋主题和繁衍主题两大类。视图案构成元素及组合方式的不同，图案寓意有时需交融一起整体解读，有时需区分开来，各有含义。兼具爱恋与繁衍寓意的图案，常见的有鱼莲组合类和凤鸟牡丹类，其他图案通常具有单一寓意。例如，象征爱恋之意的“蝶恋花”“喜鹊登梅”，象征祈子繁衍之意的“榴开百子”“瓜瓞绵绵”“瓜里生子”“麒麟送子”“连生贵子”等。不同的图案却蕴含着同样的寓意，充分体现了近现代中原童装图案纹样的丰富性。

（一）爱恋主题

人们热爱生活，向往美好，这也体现在近现代中原童装中。每一件童装都有着独特的设计构思，在创作审美上，通常是传承了传统的设计风格，一代接一代地传承下来，即使稍有创新，通常也是在原有基础上从实际生活和民俗习惯出发，再结合从上一代那里学来的技艺，形成新的服饰。在爱恋主题的表达上，虫鸟图案和花卉图案为常用素材。虫鸟与花卉的组合图案也是我国传统纹样中较为常见的图案，在近现代中原童装中，也是表达长辈祝愿孩子在未来爱情美满、婚姻幸福的重要元素。

蝴蝶在我国传统文化中被视为幸福、爱情的象征，能给人以鼓舞、陶醉和向往之感，也被视为美好、吉祥的象征。蝴蝶一生只有一个伴侣，代表忠贞，我国民间就有“梁祝化蝶”的美丽传说，表达了人们对自由恋爱的向往与追求。而“蝶恋花”的图案纹样也被人们赋予了丰富的寓意，并装饰在服饰上，象征爱情美好、花开富贵，表达美好的祝愿，也以多种形式出现在中原童装中。图 2-5 为一件近现代中原地区儿童马甲，此款马甲的正前方饰有“蝶恋花”图案纹样，采用了贴补工艺进行缝制，呈圆形。图案的画面中有一只五彩斑斓的蝴蝶在翩跹起舞，一朵鲜艳的花朵怒放盛开。在一针一线的紧密刺绣下，对牡丹等花草进行了变形设计，花朵层次分明，花枝簇拥，枝叶与花朵穿插，构成丰富多彩、一派祥和的画面。整幅图案展现了蝴蝶依依不舍地依附在花朵上面

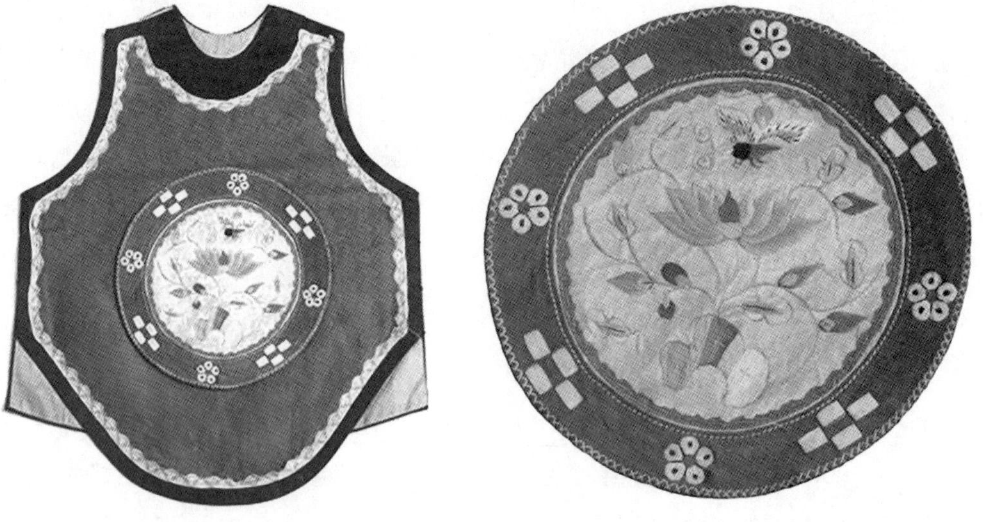

图 2-5 儿童马甲

的场景，在这背后是长辈对儿童浓浓的爱和祝福，期盼孩子在未来拥有甜蜜爱情和美满婚姻。

图 2-6 为一双近现代中原地区儿童棉鞋，上面绣有“喜鹊登梅”的吉祥图案。因为喜鹊的叫声婉转动听，所以人们也将喜鹊作为吉祥的象征，寓意带来好运与福气。梅花在古代又被称为“报春花”，被比作春天的使者，预示着寒冬即将结束，春天就要到来。传说七夕这天，人间所有的喜鹊会飞上“天河”，搭起一条“鹊桥”让牛郎和织女相见，此后人们用“喜鹊登梅”寓意美好姻缘、吉祥、喜庆以及好运的到来。在此款儿童棉鞋上，绣有一只喜鹊跃然立于梅上，一朵梅花傲然盛开的图案，寄托了长辈对幼儿的美好祝福。

图 2-6 儿童棉鞋

（二）繁衍主题

中原地区的人们重视生命延续和种族繁衍，由于“鱼”与“余”同音，且鱼多“鱼子”，而在我国传统观念中“多子即多福”，因此人们赋予了鱼“年年有余”“富贵吉祥”“人丁旺盛”等寓意。同时，鱼离不开水的自然规律，也被人们用来寄托男女情深、夫妻恩爱、伉俪美满的情意。

近现代童装中有很多“鱼”的形象和造型。图 2-7 为一件近现代中原地区儿童围嘴，围嘴上面用五条色彩不同的鲤鱼造型作装饰，从鱼头到鱼鳍，从鱼鳞到鱼尾，都分别采用了不同的色彩来刻画，画面中夸大的鱼眼仿佛是用以提醒孩子要时刻观察周围充满未知的世界。在此款儿童围嘴中，鱼的造型生动、体态优美，被人们赋予了人情味和美好寓意，祈盼孩子在未来能够夫妻恩爱、多子多福。

图 2-7　儿童围嘴

莲花因其“出淤泥而不染，濯清涟而不妖”，即在淤泥中茁壮成长，叶片和花朵却一尘不染的特点而被赋予高洁的赞美寓意。又因莲花的花型十分优美，盛开时，花瓣层层叠叠，十分美丽，古时的文人墨客们常常用其来形容女子的姿态相貌。同时，莲花中的并蒂莲非常稀有，一茎两花，花各有蒂，莲藕为根部，同时一节一节的连接而成，有“共结连理”之意，也被称为合欢莲、同心莲，因此人们借此表达对婚姻美满的期待与向往。莲花的造型在近现代中原童装中也常常出现，如图 2-8 所示为一双儿童靴子，靴身为紫色，鞋面采用“鱼戏莲”刺绣纹样进行装饰。鱼和莲都生长于水中，鱼儿在莲叶间嬉戏，象征着男女之间爱恋的愉悦心情。由于莲藕的莲蓬“多子”，鱼也有较强的繁殖能力，因此“鱼戏莲”纹样不仅体现了爱恋主题，也表达了长辈对孩子在未来“多子多福”的美好祝愿。

图 2-8　儿童靴子

除了上述纹样外，近现代中原童装中还有其他体现多子多福祝愿习俗的纹样。我国传统观念以“多子”为祥，“婴戏图”不仅具有观赏价值，画中的小孩更被赋予了不同的吉祥寓意。随着宋代的婴戏图发展为一派并成为受欢迎的人物画题材之后，象征圆满幸福的“百子图”应运而生。百子图中绘制了小孩玩各种游戏，一派热闹的场景。图案虽然名为“百子”，但并非真正画了一百个孩子，只是以“百”喻“多”，寓意“多子”。百子图广泛流行于中原地区民间服饰中，在近现代中原童装中也是不可或缺的装饰图案。人们日常生活中常见的葫芦、南瓜以及石榴等多籽植物，也象征着“多子多福”，是近现代中原童装中常见的纹样图案。

第四节　驱灾辟邪服饰习俗

近现代中原童装兼具实用功能与装饰功能，同时在民间长期形成的诞生礼民俗和节日习俗中扮演着重要角色。多姿多彩的童装不仅是生活用品和儿童着装，也是象征吉祥、祈求平安的载体。近现代中原童装体现的信仰色彩则更加浓厚，而且通常都承有美好浪漫的传说故事以及吉祥的祝福寓意，是我国民间传统民俗文化的精髓体现。

一、仿生设计

在古代，人们将具有吉祥寓意的动物视为“吉兽”，将吉兽作为服饰设计的主要图案是“祈富求名”类图案中比较特殊的一种形式。猪是十二生肖之尾，在民间，猪不仅是丰收与财富的象征，同时还有另一种吉祥寓意：古代每逢科举考试，店家就会专门烹制熟猪蹄并大肆售卖，因“熟蹄”与“熟题”同音，于是引得众考生争相购买，就是为了图一个“熟悉考题”进而“朱题金榜”的吉兆，再加上“猪”与“诸”同音，因此又有了“诸事如意”的吉祥寓意。

俗话说，“富不离书，穷不离猪”。在我国农村，一般家家养猪，农村家庭的主要经济来源就是依靠饲养家畜家禽获得一些收入，而最大的收入就是年底把猪卖了获得的资金。民间百姓通常认为猪不挑食、好养活，具有顽强的生命力，因此在童装中借用猪的形象来祝福儿童健康茁壮地成长。例如，图 2-9 为一件近现代中原地区儿童猪头造型围涎，猪的头部采用了鲜艳的红色来强调红鼻子。围涎整体采用了刺绣等手法刻画了一头立体生动的黑猪形象，长辈以此造型祈盼孩子在未来一切顺利，成长过程中能够逢凶化吉，健康长大。

图 2-9　儿童猪头造型围涎

中原地区的孩子们很多都穿过绣有“五毒”图案的肚兜、花鞋和围涎。在古代，民间习俗认为五月为“毒月”，初五这天为“毒日”，因为农历五月是夏季仲月，此时白昼最长，阳气最强，也是各种毒虫活跃之时，所以有“避五毒”之说。所谓“五毒”，通常指蛇、蜈蚣、蝎子、壁虎和蟾蜍。五月开始，天气逐渐变得炎热，“五毒”之类的动物开始活跃起来，人们的身体也容易在这时出现不适。

五月初五为端午节，而初五是人们认为的“毒日”，因此民间认为在这个节日里必须对儿童格外保护，以免其受到伤害。我国民间有“以毒攻毒”的说法，既然五月为“毒月”，那么就用五种毒物来“反攻”这个节气，从而躲避灾害。端午节是个特殊的日子，为了躲避“五毒”的伤害，人们在服饰上采取的方法有：小孩要佩戴“五毒索儿”（不仅在中原地区，江浙一带的妇女们也用五颜六色的丝线盘成老虎、蜘蛛、蜈蚣、蝎子等戴在小孩的手臂上，称之为“五毒索儿”，当地人认为小孩带上五毒索儿就可以辟邪了）；穿绣有五毒图案的肚兜；穿绣有五毒图案的鞋子等。图 2-10 为一件近现代中原地区儿童老虎造型围涎，整体为淡黄色老虎造型，在制作过程中采用了镶边、拼接、刺绣等工艺手法，仿佛一只威武凶猛的老虎呈现在眼前。老虎是万兽之王，人们认为其

图 2-10 儿童老虎造型围涎

有“虎镇五毒”之意，因此通过给孩童制作老虎造型围涎来祈盼孩子未来能够虎虎生威，健康平安地成长。

二、图案纹样设计

肚兜是童装中的一个重要品类，古人用其来遮体避寒，而后逐渐演变为内衣。为了精心呵护儿童的肚脐，防止其意外生病，中原各地都有给儿童佩戴肚兜的习俗。儿童肚兜主要寓意是辟邪和祈福，肚兜又称“裹肚儿”，用带子系在脖颈和腰间，四季都可穿。肚兜穿着后很好地包裹了儿童的肚子，方便实用，是近现代中原童装中最常见的品类之一。正方形肚兜和长方形肚兜常见于孩童穿着中，如意形、葫芦形和元宝形等形状的肚兜则常常蕴含着祈福与美好的祝愿。肚兜可以有夹层，可以填充棉花等保暖材料，也可以放入中药材，不仅御寒保暖，而且能够强身保健，预防蚊虫叮咬。人们在肚兜上面用彩线绣上各式图案，有些似线描，有些似剪纸，以民间喜好的花草鸟虫、猫狗狮虎等动植物为主要题材，寓意吉祥富贵、幸福健康。

图 2-11 为一件近代中原地区儿童坎肩，整体为黑色布料制作而成。坎肩主体部分为黑底，在其上用刺绣手法绣了一幅有五毒和一只老虎的图案。画面中，一只绿色的蟾蜍正趴在上面，在蟾蜍左、右分别绣有壁虎、蜘蛛、蛇和蝎子，身体上面的正中间绣有一只威风的老虎，即“虎镇五毒”纹样图案。

图 2-11 儿童坎肩

我国古代神话中的四方神灵分别是青龙、白虎、朱雀和玄武，其中白虎象征力量和正义，人们认为它能够驱除火灾、失窃和邪恶。自古人们就喜欢虎，虎是强壮、威武的象征，老虎的形象象征着压倒一切的力量和所向无敌的威力，老虎也是代表吉祥与平安的瑞兽。民间百姓常把老虎形象应用在儿童的帽子、鞋子等服饰上面，寓意孩子“虎头虎脑”，用以驱邪镇宅，以庇佑孩子勇敢无畏地健康长大。图 2-12 为一双近现代中原地区儿童虎头鞋，整体采用了红底、蓝边、绿毛的色彩搭配，老虎的两只眼睛炯炯有神，长辈希望以此庇佑孩子的成长无灾无难，未来能够勇敢坚强和快乐平安，同时虎头中间绣有石榴纹样，石榴多籽，寓意多子多福。

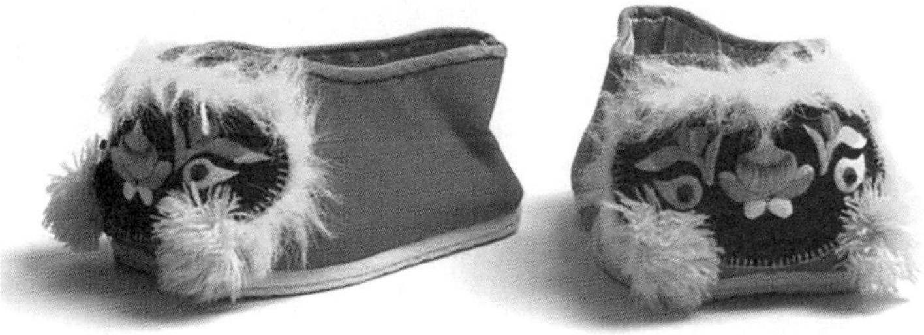

图 2-12 儿童虎头鞋

三、制作工艺

我国古人很早就意识到了关注儿童成长过程的重要性，一个新生命的成长绝不是一帆风顺的。在中原民间百姓的观念里，儿童的成长过程中会面临各种关口，只有平安渡过这些关口，儿童才能顺利长大。孩子是一个家庭的未来，是全家人的希望，中原地区的人们对儿童的养育爱护尤为重视。为了祈求孩子平安健康地成长，也为了防范成长过程中各种意外事件的发生，中原地区的百姓通过童装朴素直接地表达对孩子未来的祝福和祈盼。

中原地区的人们希望通过穿衣驱灾辟邪，对其赋予吉祥如意的寓意。做衣服时的制作工艺也有对应说法，如前后身的衣片合缝时，一定要"后压前"，上裤腰时一定要"上压下"，象征"后生可畏""下不犯上"的做人品德及吉祥寓意。缝缀衣扣时必须以五个为准，寓意"五福临门"，缝缀四个或六个扣子是不允许的，因为"四六不成材"。在纳鞋底和袜底时，底部脚心处要缝上"柿花"图案。一些地方还有其他服饰习俗，如忌衣服穿在身上缝补，忌夜晚在室外晾衣，忌七月拆衣被，忌腰束麻绳等，认为这些都是不吉祥的做法。这些丰富多样的驱灾求吉民间习俗在童装上更是表现得淋漓尽致，灵活生动地体现了长辈对孩子的美好祝愿。

第五节　吉言吉语习俗

吉言文化是我国特有的语言文化，在我国传统文化中，人们常常用吉利的言辞来表达祝福。吉言文化实际上是一种吉祥民俗，表达了人们避邪求吉的愿望。吉祥代表的是"吉利"与"祥和"，就是福气，寓意事事如意、美满顺心、趋吉避害。随着历史的推移，吉祥意识和吉祥符号逐步凝练成为吉言文化。"吉"意为"顺利、美好"，与"凶"相对，由此衍生出人们现在常说的"吉言""吉兆""吉利""吉日"等。吉言文化的传播与影响从古至今一直存在。在我国数千年的传统文化长河中，吉祥文化是一项十分重要的文化遗产，是我国优秀传统文化的重要内容，凝结着国人的人生情感、育儿心得、祝福情谊。源远流长、博大精深的吉祥文化，其意义在于帮助人们渡过难关，激发人们对美好生活的向往。人们对自身疾病和死亡等未知事件充满不安，因此需要借助吉言文化来祈祝吉祥平安，而以生存需要为中心的吉言文化自然就激发出人们趋吉避邪的心理，帮助人们面对大自然的考验，消灾灭害，祝佑平安。

许多地区都有祝贺孩子"满月"的习俗，因为古人认为孩子刚出生的一个月最为关键，也就是成长过程中的第一个难关，一般孩子出生一个月后由其父母向亲友发出请帖并宴客。亲友们前来祝贺时往往在礼品中准备一顶帽子，帽上缀有银饰，绣上“金玉满堂”“长命富贵”等吉祥字样。礼品中还有很多服饰的造型和鸡相关，如雄鸡与鸡冠花组合的纹样被称为“冠上加冠”，具有加官晋爵的寓意。因“鸡”与“吉”谐音，因此有很多和“吉”相关的吉语表达中都有鸡的纹样，一只鸡出现的图案寓意被称为“大吉”，两只鸡出现的图案被称为“双吉”，鸡与牡丹配合构成的图案被称为“富贵吉祥”。图 2-13 为一件近现代中原地区儿童围涎，采用了红色面料与黑色面料拼接而成，红色为主，黑色相间其中。在红色面料的上面用刺绣工艺绣有“生龙活虎”的吉言吉语，同时配有梅花的装饰纹样。梅花是我国传统花卉纹样，给人以清雅俊逸、凌寒傲霜之感，寓意奋发向上、不屈不挠和不畏艰难的可贵精神品质。这件围涎通过吉言吉语、梅花等图案的装饰，寓意长辈希望孩子在未来面对恶劣的生长环境时，依然能够坚强快乐，生龙活虎，祈求孩子的未来健康、幸福。

图 2-13 儿童围涎

谐音求吉是中原地区普适的民俗心理，孩子诞生是一个家族的大事，母亲们把自己的心愿诉求以服饰表达，让吉祥的祝福陪伴在孩子身边。近现代中原童装服饰中体现的吉言吉语习俗，处处显示出文化意识与生活特征交融的双重特性，并展现了时代、民族、身份、情感的特征。服饰图案从外表看是对服装的美饰，其实却包含了不同穿着者对生活理想的追求，它是一种文化记忆符号，记载着人类社会在政治体制、人文观念、审美标准以及民俗民意方面的变化。中原童装的图案既没有山陕地区服饰图案的粗犷浓烈，也没有江南地区服饰图案的清风雅致。中原地区作为中华五千年文明发源地，孕育的童装日渐丰富，率真自然、淳厚质朴的童装图案看似平平淡淡、简简单单，却饱含着深厚的地域民俗内涵。

第三章

近现代中原童装品类

封建社会的服饰色彩与图案等的等级制度多针对男服和女服，对于民间童装相对宽容，到了民国时期，封建制度瓦解后，原来被民间禁用的服饰色彩和图案以及曾被皇室贵族喜爱的吉祥图案被越来越多地传播，并被大众接受。中原童装的图案取材广泛、内容丰富，因民俗生活、精神面貌、地理环境、历史文化、工艺技术和审美观点的不同表现出不同的风格特点。根据其寓意的不同，大致可分为爱恋繁衍、祈福长寿、驱灾辟邪、祈仕求名等几大类。通常来说，每类图案都由若干种不同的图案元素组成，虽然拥有不同的艺术表征，但是共同表达相似的文化内涵。近现代中原童装工艺精巧，蕴含女红技艺、刺绣艺术、民间工艺美术等艺术形式，是民间艺术、工艺技巧、民俗文化和审美观念的多重体现，是我国服饰文化中丰富多彩的瑰丽篇章。

近现代中原童装的造型设计、图案纹样、手工技艺、色彩搭配等是非个体智慧在日积月累的实践中沉淀的结果，是集体智慧的成果，但有趣的是每个个体在实践中都会加入自己的想法，于是这些童装的服饰特征在有共性的基础上又有了各自的特性。多元文化的融合与传承使中原童装也有着多元化的特点，本章将会分品类介绍近现代中原童装的技艺之巧、工艺之美、设计之妙，依次介绍帽饰、围涎、上衣、裤子、鞋子、襁褓和披风等品类，在精美的实物图片中感受母亲对孩子无限的关爱，领略当时的制作工艺和风土人情，这一件件生动的作品中凝结着人们对生命的崇敬和独特的审美观念。

第一节　帽饰

帽饰是首服的一部分，是用于头部的服饰配件，近现代中原童装中的帽饰主要分为动物造型帽、花果帽、相公帽、披风帽和无顶帽。帽饰最早起源于先秦时期的头巾，是我国古人用于束发的物件，由于审美和礼仪的需要，冠帽逐渐成为头部的装饰品。它曾是“礼教”文化的象征，体现着传统的礼仪、道德、习俗等文化精神。而近现代中原童装中的帽饰作为礼仪的功用弱化了，更多是体现民间习俗、审美情趣以及美化装饰的功用。

民间自古就有“精干一顶帽，漂亮一双鞋”的说法，童帽不仅是实用的服饰品，也是民俗文化的物质载体和心意民俗的寄托，承载着人们的美好祝福与祈愿。具有浓郁民俗特色又体现我国传统审美观念的童帽造型别致、丰富多样，是我国服饰史中一道亮丽的风景线。童帽的装饰内容除吉祥纹样中常见的瑞兽祈福、谐音寓意祈福祈寿外，还有花果造型帽饰，如荷花、佛手、石榴、寿桃等造型，有些还会在帽饰上缝缀“长命富贵”“福禄寿喜”“岁岁平安”等字样，每一顶帽子都造型别致，搭配别出心裁、惟妙惟肖，经历岁月的洗礼依然鲜活生动。童帽的图案内容十分丰富，从题材上可分为花卉果实类，如牡丹、荷花、梅花、佛手、石榴、仙桃等；器物纹样类，如金钱纹、八宝纹、四合如意纹、八卦纹等；动物图案类，如凤凰、公鸡、喜鹊、蝴蝶、老虎、蝙蝠、鱼等；文字图案类，如长命富贵、吉祥如意等吉言吉语；符号图案类，如寿字纹、盘长纹等；人物图案类，如童子、仙翁、戏曲人物等。图案纹样的组合形式更是千变万化，如“凤戏牡丹”“蝶恋花”“三多（石榴、佛山、蟠桃）”“连生贵子”“鲤鱼跳龙门”“刘海戏金蟾”等组合图案。由此可见，近现代中原童帽的装饰内容受当时社会制度、民俗风俗、个人情系及制造工艺的影响，展现出独特的艺术特色，形式丰富，千姿百态。

在生产力相对低下的历史时期，童帽作为御寒保暖和防护的重要物品，相比于成人帽饰，其存在更加重要。大部分研究传统服饰文化的文献中没有专门介绍童装的内容，是因为封建社会的童装大多是成人服装的缩小版，其形制、图案、工艺等都非常相似，同样地，成人服饰中所出现的帽饰在童帽中也大部分都有出现，并且在成人帽饰的基础上变得更加丰富多样。民间童帽有着保暖御寒、保护头部的防护功用，还饱含着长辈对后辈的殷切希望和美好祝愿，体现着母亲们强烈、细腻、深沉的情感。绣工率真、淳朴、细腻却造型粗犷是近现代中原童帽的主要风格。

一、动物造型帽

动物造型帽以常见动物或民间崇拜的动物为设计原型，将这些动物形象经概括、归纳、夸张等手法制作成憨态可掬、妙趣横生的童帽。常见的动物造型帽有以下三种。

（一）虎头帽

人们对虎的崇拜源自“趋吉避凶”的精神寄托。虎是我国传统文化中的瑞兽，是中华民族图腾崇拜的重要对象。自古以来，服饰中与虎相关的图案和装饰就有很多。虎头帽作为民间流传至今的一种儿童帽饰，并非中原地区所特有，但中原地区的虎头帽经过当地人们代代相传的制作与传承，已独具中原特色，外观质朴活泼，工艺复杂，并且具有较高的艺术价值，是值得传承和发扬的民间工艺美术艺术之一。但在现代，随着市场化生产的冲击，很多传统的制作工艺正在逐渐失传，只有部分传统制作工艺还可在中原地区追寻到踪迹，虎头帽的制作工艺就是其中之一。在多数情况下，虎头帽是以实物传承的方式来传播与继承的，即以实物来充当范式传播的载体。

虎头帽的制作工艺属于民间制作工艺，根植于平民中，是人们自行设计与制作并通过佩戴传承下来的一种帽饰，汇聚了我国古人的智慧。由于民间对于虎头帽的制作没有固定规范，故人们制作时可以自由发挥想象，并加入自己的情感，其传承方式也多是上一辈对下一辈的手手相传。每款虎头帽都是在继承传统基础上的再创造、再设计。

虎头帽中的老虎图案大多经过了人们的概括与提炼，只表现虎的头部形态，且其图案参考了我国传统的剪纸艺术，将虎的眉毛、眼睛、鼻子、嘴巴及头部纹理简化为简洁的线条，造型憨态可掬、朴拙生动。此外，中原地区的汉族居民还善于吸收和借鉴外来文化，虎头帽以虎头形象为重点，有时还搭配花鸟虫草等纹样，如蝴蝶纹样等，使帽饰图案更丰富。

虎头帽在色彩的运用上五彩斑斓。中原地区多为汉族居民，他们视红色为喜庆、成功、忠勇和正义的象征。因此，红色是虎头帽必不可少的颜色之一，且一般以红色或黑色作为帽身的颜色，并搭配黄、蓝、白、绿等颜色，色彩醒目鲜明。虎头帽用料较少，民间一般选用制作服装的剩料来进行“虎头”的加工。而帽身的面料和里料相对面积较大，通常选用整布，主要选择柔软的棉布，如士林布等。在老虎五官用料的选择上则更加随意，真丝、涤纶等各种面料碎布都可选用。

虎头帽在制作方法上独具特色。缝制时，可以将老虎的耳朵和帽身连成整体，或将耳朵用其他布料缝好后再缝缀到帽身上，老虎的鼻子、眼睛、嘴巴、牙齿等部位可以先用其他布料缝好后再缝缀到帽身上，也可以直接在帽身上进行刺绣。虎头帽的装饰手法也十分多样：可以在帽子的后面缝上绣片、飘带作为装饰，也可以在虎耳上缝缀流苏或铃铛，为帽子在佩戴时增加灵动感，还可以采用银饰和刺绣搭配装饰。整个装饰过程基本不破坏底布，只是在底布上进行缝缀来增加装饰。从目前留存的近现代中原童装实物来看，虎头帽占较大比重，且虎头帽还可分为披风棉帽、披风单帽、单帽等类别，这些虎头帽配色各异，设计细节各有奇趣，却有着气质和韵味的相通性，这种相通性就是审美观念和地域文化。

虎头帽在色彩的使用上有一定规律，一般帽身底色深的虎头帽，其辅色也会显得浓重，而帽身底色浅的虎头帽，其辅色就会相对淡雅许多。虎头帽帽身的装饰一般以刺绣形式体现，将虎头造型结合立体造型手法和刺绣手法制作，让老虎眼睛夸张突出，鼻子立体。图 3-1 展示了六件不同款式的虎头帽。款式一为一件虎头披风棉帽，在帽身面料和里布的夹层中填入棉花，整体以对比强烈的紫色和绿色搭配，帽顶前面是虎头造型，以不太耐用的银色纸做虎鼻，制作精细，但纸张不能水洗且不耐磨，可以从图中看出虎鼻已经磨损严重，口衔金钱，耳朵立体灵动；帽顶后面是虎身，并在虎身上装饰有毛线制成的花朵，孩子将这款帽子戴在头上时如同被一只小老虎环抱。

款式二和款式三的虎头帽均以黄色为底色。款式二中的虎耳是将裁剪底布时留出的布料填充棉花并进行收紧而成，耳朵上装饰有几缕虎毛，帽子的里布选用了印有粉红色圆点图案的面料。同时，老虎立体的鼻子上还绣有蝎子纹样，虎目圆睁，看起来炯炯有神又有几分可爱俏皮。款式三中的老虎耳朵支起，眼睛用塑料球代替面料制成，虎口微张，露出整齐的牙齿，眉毛、耳朵等都用刺绣工艺绣满了简单花纹，避免大面积留白，鼻子上绣有蝴蝶纹。张口露出的虎牙使帽子多了几分威严，而后面立体的虎尾又充满童趣，使整体看起来层次丰富。

款式四的红色虎头帽以红色面料为底布。红色一直是中华文化中寓意吉祥的色彩，在一些岁时节日，儿童佩戴的童帽往往都以红色为底色，展现出人们“趋吉”的思想观念。

款式五以蓝色面料做底布，虎目圆睁，胡须好似微微颤动，眉毛和鼻子用银色面料做出立体感，眼睛的制作采用了银色、金色、红色和黑色的配色，具有层次感和立体感，帽身后面则平绣有凤凰和花卉的纹样。

相较于其他服饰品类，童帽的色彩更加丰富，装饰元素包含平面装饰元素与立体装饰元素，特点突出。款式六的虎头帽帽前采用绣工较少，眉毛、嘴巴等均以贴布绣形式表现，帽身后面平绣有戏剧人物的图案。将戏剧人物图案绣于服饰上在近现代中原童装中也非常流行。

（二）猪头帽

童帽丰富的装饰内容也充分展现出人们审美的质朴，装饰元素均来自生活中喜闻乐见的事物，生活气息浓厚，是人们对自己生活的升华，展现出制作者对美好生活的执着追求和向往。

民俗中有“先穿猪，再穿虎”的说法，猪有好养活、憨厚老实的特点，长辈常借猪的形象祝愿孩子没有烦心事的健康长大，而后用虎的形象祈盼孩子虎虎生威、大富大贵。近现代中原童装中不仅有猪头帽，还有猪头鞋、猪围涎等与猪的形象相关的服饰品类。图 3-2 展示的猪头帽以蓝、黑色为主色，猪的耳朵近似于桃形，平铺于鼻子两边，耳朵周边装饰有绒毛（这种绒毛通过剪一条横向的布料，然后从一边挑去部分纱线制成），中间的鼻子处填充有棉花，使鼻子更加立体，前端用红线绣出猪鼻的形状。猪鼻是猪头帽区别于其他动物造型帽的重要特征之一，小小的眼睛绣在立体的鼻子上方，憨

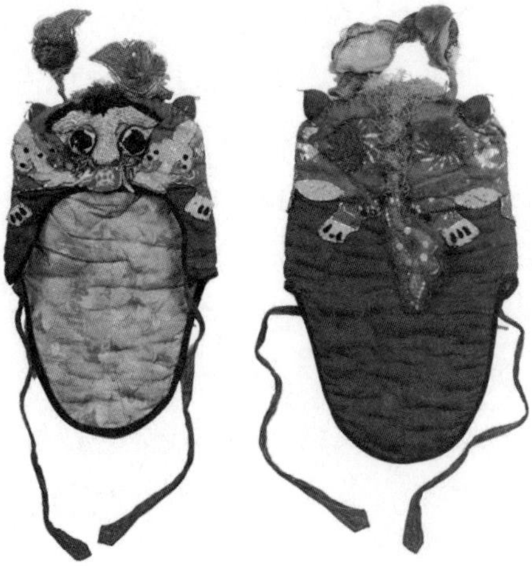

款式一

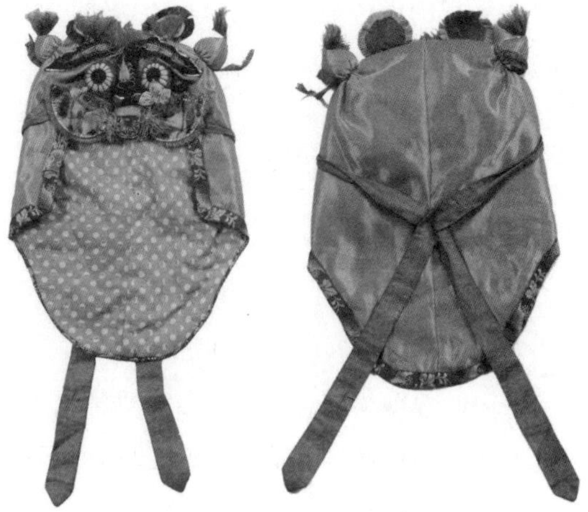

款式二

款式三

款式四

款式五

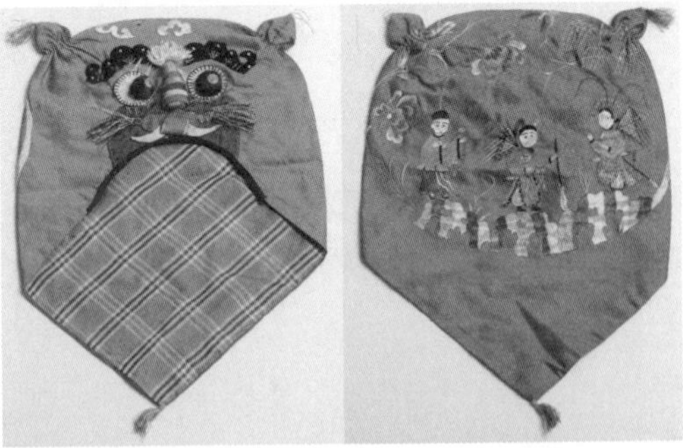

款式六

图 3-1 虎头帽

笨中透着乖巧可爱。从中也可以看出，在材料有限的情况下，古人充分发挥聪明才智将造型做到美观生动。

（三）狗头帽

童帽中的装饰元素与民间习俗息息相关，是民间习俗的映射，在装饰的内容和内涵

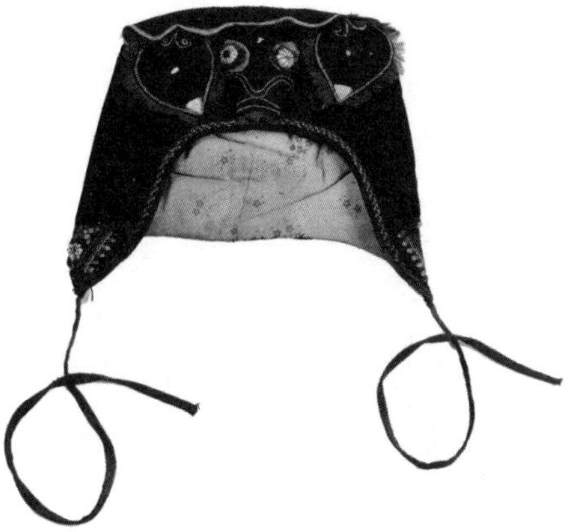

图 3-2 猪头帽

上都表现出长辈对儿童的美好祝愿，充分展现出我国重视子嗣的传统思想。狗头帽与虎头帽的造型方法相似，只是在细节处理和神韵表现上有所不同。狗头帽通常以各色棉布为主要面料，配以其他装饰辅料，如流苏、金银丝线、亮片、珠子等。制作和装饰工艺以刺绣为主，刺绣手法以平绣、贴布绣、戗针绣居多，辅以亮片绣和锁绣等工艺手法。

狗是常见的家养动物，忠诚温和，狗不像虎“出身高贵”，自带“王者气质”，却是人类忠诚的伙伴。狗头帽最早出现在清代，在当时的农村地区比较常见。图 3-3 展示了两种款式的狗头帽。款式一中的狗头帽用皮革材料制作狗的鼻子和眼睛，风格粗犷，小狗俏皮地吐着舌头，狗的身体在帽身后面，环抱在顶部的样子充满童趣。款式二中的狗头帽也同样用皮革材料将眼睛做成南瓜的形状，鼻子不像款式一中的浑厚，而是用布料做成薄款安置于前方，耳朵造型形象生动，帽口装饰有二方织锦边。

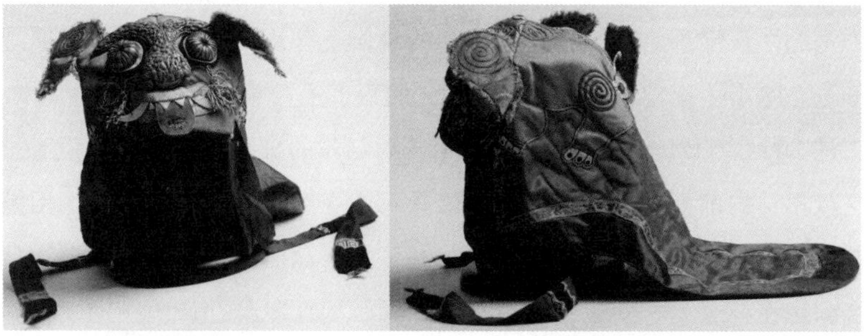

款式一

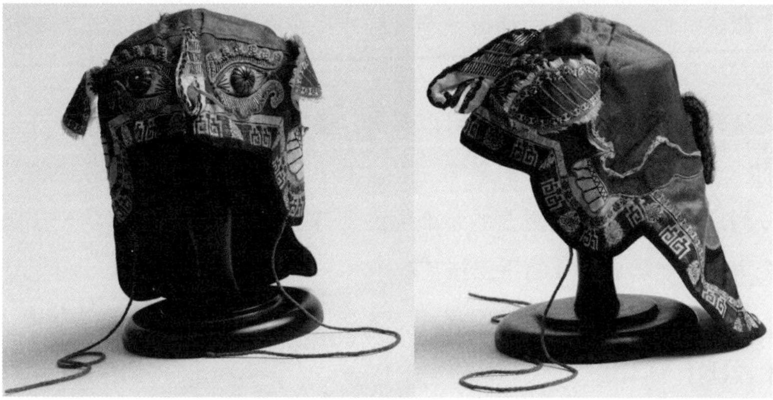

款式二

图 3-3 狗头帽

二、花果造型帽

虎头帽、猪头帽、狗头帽等动物造型帽一般男孩子佩戴较多，也有少数女孩子佩戴，花果造型帽则是女孩子的专属帽饰。

花果造型帽是以植物花果的形象为造型的童帽，象征女孩子像花朵一样美丽。其中最常见的是莲花帽，花瓣和果实都被做成了立体造型。莲花帽的外形是由多瓣立体莲花花瓣组成的，恰似亭亭玉立的莲花在绽放。莲花因其“出淤泥而不染，濯清涟而不妖”的高尚品德而被人们视作“花中君子”。母辈仿照莲花的造型及其花瓣的离心式分布结构，将呈莲花造型的绣片缝制于帽身之上，希望莲花庇护女孩们茁壮成长，并寄予对女孩们长大后亭亭玉立、坚贞纯洁的期望与祝福。制作莲花帽的材料多用棉布和锦缎，配以亮片、流苏等装饰材料，制作精良，工艺流程复杂，采用拼布绣、亮片绣、珠绣等多种绣法，且用绲边强调莲花的外轮廓形态，提高了童帽造型的层次感。莲花帽一般用色鲜亮浓烈、明艳夺目，常用饱和度较高的蓝色、明黄色、红色等。图 3-4 展示了两种款式的花果造型帽。款式一所示花帽以黑色面料为底布，在帽顶装饰有层层绽放的花瓣，花瓣呈渐变的红色，花蕊呈暗绿色，后面的帽身和披风则用高饱和度的蓝色、西瓜红、紫色、黄绿色以及黑色、白色等面料拼贴而成，小小的一顶帽子上色彩之丰富令人惊叹。因为是给女孩穿用，所以花果造型帽的制作工艺细腻、风格柔美，展现出花朵舒展清秀的形态。除了莲花帽外，花果造型帽还有莲花石榴帽、佛手莲子帽等样式。

款式二是 20 世纪 80 年代由一位河南手艺人制作的披风花帽，帽子没有被戴过，保存完好。这款帽子的前面用渐变色面料做出具有层次感和立体感的花朵，用缝纫线缠绕布料作为花梗，花型对称。同时，为了增加帽子的灵动感，将弹簧的一端固定在帽身之上，另一端固定在花朵上，女孩佩戴走动时，帽子犹如花朵在风中颤动，在帽耳处还装饰有两撮绒毛。整个帽子以红色为底色，帽身和披风是分体缝合结构，这样使披风能散落在肩部，佩戴舒适。帽子前面和披风连接的外弧线处有用绿色纱质布料制作的缩褶花边，并缝缀有亮片。

通过对童帽装饰元素位置的分析可以看出，童帽的装饰重点一般集中在前方，这是因为受人们视觉习惯和审美习惯的影响。同时由于儿童身高原因，成人通常从上方俯视童帽，所以帽顶和帽后方也是重要的装饰部位。有些童帽还会对帽身的一周进行整圈装饰，从各个角度都能看到完美的手工技艺。

三、相公帽

相公帽也被称为“公子帽”，制式如同戏曲小生戴的帽子，左右两侧有“帽翅”，帽

款式一　　款式二

图 3-4　花果帽

翅一般为“如意头”形状，为硬边立体造型。帽翅左右对称，连为一体，又被称为“过桥”。有的帽翅在帽顶，有的帽翅则在帽脸（前），还有的帽翅在帽尾（后）。有的帽翅形状宛似如意云头向上卷，有的帽翅状似玉磬向下弯，孩子戴上此类童帽，看起来就像满腹经纶的秀才或踌躇满志的官员。我国南北方均有相公帽出现，相公帽受到封建社会求官求禄文化的影响，寓意孩子将来飞黄腾达、大富大贵、仕途辉煌，并且相公帽戴起来文质彬彬，长辈借此期盼孩子长大后能够知书达理。相公帽各位置刺绣通常以适合纹样为主，根据位置的大小和形状设计出花型，然后将人物故事、吉祥图案等绣于帽身和帽翅上。图 3-5 展示了两种款式的相公帽。款式一中的相公帽以紫色为底色，帽身前面平绣蝶恋花纹样，后面开口处理，方便穿戴和调节大小。其中，帽翅上平绣有菊花纹样，寓意安居乐业，帽顶后面平绣有双龙纹，寓意飞黄腾达。

款式二中的相公帽形制类似乌纱帽，为传统服饰收藏家王金华在其专著《中国传统服饰——童装》中所收录的样本。帽子上方的帽翅绣有牡丹纹寓意花开富贵，帽身采用平绣、包边、绕线等多种技法做出精致的蝴蝶图案，共同构成了“蝴蝶戏牡丹”造型，寓意孩子仕途顺利、大富大贵。

款式一　　款式二

图 3-5　相公帽

四、披风帽

披风帽又被称为风帽、兜风帽。披风帽的帽型保暖御寒功能较好，是寒冷冬季孩子出门时必须佩戴的帽子，能同时保护头部和颈部。这种帽子的外形因与观音菩萨头上所披戴的帽子形式相似，因而又得“观音兜”之名。披风帽里可以夹棉，或衬以皮毛，保暖御寒。这种款式的帽子早在汉代就已出现，在宋代绘画作品中也时常看到戴披风帽的成年男女。在内蒙古代钦塔拉辽墓还出土了织锦质地的棉披风帽，并且两端设有绳带以便系、扎之用，可见披风帽由来已久，并已被成年人广泛使用，近现代中原儿童的披风帽是对其的一种沿用。从近现代中原儿童所戴披风帽的留存实物来看，大部分披风帽都有绳带，方便系起，防风保暖。由此也可以看出近现代中原服饰具有兼容并蓄，广泛吸纳周边文化的特点。

清末民初，中原童帽中以厚实保暖的棉披风帽和加里布的双层披风帽最为常见，当然也包括前面所介绍的虎头帽、狗头帽、猪头帽等动物造型披风帽。有些披风帽保留了最基本的披风帽形制，在帽子的前面和后面绣上精美的图案，有些披风帽则做成立体的花朵或动物造型。一些帽顶和帽身没有明显区分的披风帽，其装饰纹样往往会以帽顶和帽身交界处的前中心为视觉中心展开装饰，如一些动物造型帽大多采用此方法排列纹样。

披风帽的形制结构一般包括帽顶、帽身、披风三个部分，披风是童帽帽身的延长变形部分，帽子的装饰纹样都是依据帽子形态排列的。披风帽又分为有顶披风帽和无顶披风帽，图 3-6 是清代金廷标的作品《岁朝图》的局部图，图中的每个孩子都戴着披风帽，其中有一顶蓝色有顶披风帽，五顶黑色无顶披风帽，帽子面料柔软，帽身清爽整洁，没有任何装饰。

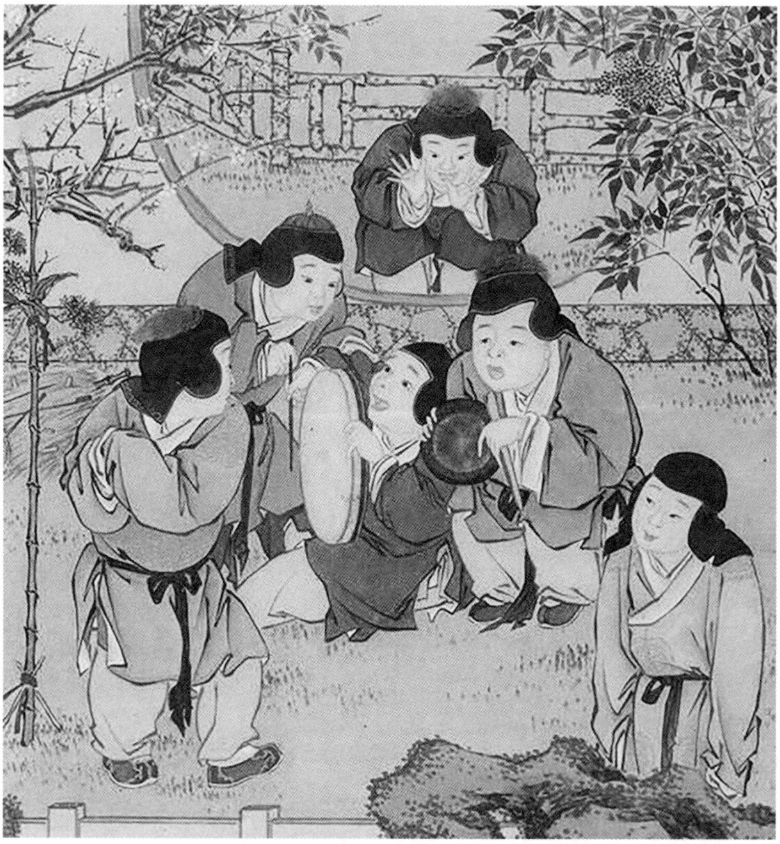

图 3-6 《岁朝图》局部（清）金廷标

图 3-7 展示了三种款式的披风帽。款式一为常见的红底虎头披风帽，帽子前面装饰为虎头造型。款式二所示无顶披风帽通身以蓝缎为地，面料和里布中间充填薄棉絮，顶部微微收紧，使佩戴效果更好看，外圈一周的弧形处均以黑色镶边，额头以下的部分用缎边装饰，帽身后面的披风部分在左、右绣有“蝶恋花”对称图案。

款式三所示无顶风帽以深蓝缎面为底，帽身下口以织带镶边，这种织带镶边的方式在童帽中非常常见，后面的西瓜红色披风更多的则是装饰作用，披风上绣有“琴棋书画”主题纹样。

五、无顶帽

无顶帽是没有帽顶的帽子的统称，有些学者认为眉勒也是无顶帽的一种，不仅男童、女童均可佩戴，成年男性和女性也可佩戴，也称“通天帽”。无顶帽以女童佩戴居多，女童佩戴的无顶帽上会采用刺绣、贴布绣、珠片绣等装饰工艺设计出各式花果图案，如牡丹、石榴、莲花等。男童佩戴的无顶帽有素面帽和装饰有兽头的帽子，从前文

款式一

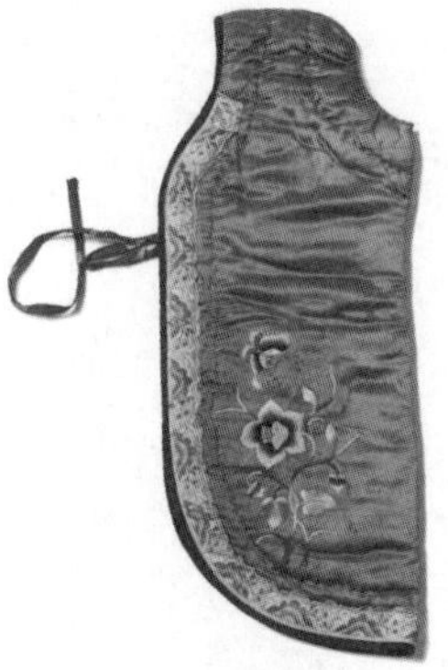

款式二

款式三

图 3-7　披风帽

图 3-6 中可以看到男童佩戴的效果。女童无顶帽制作精美、造型可爱、舒适透气，适用于初夏或秋凉时佩戴，实用功能与装饰效果俱佳。无顶帽历史悠久，据史料记载，两汉和魏晋南北朝时期的帻、隋时期的半头帻和无顶帻、唐代的抹额、宋代的搭罗儿以及明代的帽箍、帽圈等都是无顶帽在各历史时期的演变形态。至清代、民国时期，无顶帽的佩戴已十分广泛，种类丰富，在童帽中具有代表意义。无顶帽主要有两种代表造型，一种是布料围一周形成帽圈，在帽圈上刺绣或装饰造型；另一种是帽身和帽尾造型连接，帽身和帽尾的连接方式分为连体式和分体式。图 3-8 展示了三种款式的无顶帽。款式一所示为女童所戴无顶帽，帽子前面视线集中的部分用贴布绣绣有人物、花卉、动物纹样，后中部断开拼缝，并将后中部裁剪出适合后头部曲线的弧度。

无顶帽中的图案设计主要有以下三种形式：

其一，以前头部视觉中心展开设计，装饰在头部附近；

其二，当纹样以帽顶中点为中心展开设计时，其装饰纹样往往依托帽顶的形状呈圆形分布；

其三，将前两种设计手法结合后，展开延伸设计。

款式二为传统服饰收藏家王金华在其专著《中国传统服饰——童装》中所收录的山西地区的女童无顶帽。这顶童帽配色鲜亮，做工精致，后面装饰的飘带上部平绣有人物、花卉纹样，中间为莲花花瓣造型，下部为如意造型并平绣有吉祥纹样，下缀流苏，装饰形式丰富多样。款式三同样为该书收录的女童无顶帽，以水蓝色为底色，二方织带镶边，在耳朵部位绣有石榴花卉纹，穿戴时可以盖住耳朵，这一部分的设计也被称为“护耳”，前额和护耳弧度柔和，前中和后中对应的位置为凸起弧线造型，以便提高佩戴的贴合度。

款式一

款式二

款式三

图 3-8　无顶帽

传统童帽装饰丰富，工艺复杂。但是随着社会的发展和人们审美的变化，传统童帽越来越少见，民间制作者中会这种手工艺的人也越来越少。近代中原童帽中的装饰元素从传统技艺的角度来看，是对当时工艺水平的展现；从其文化内涵的角度来看，是对当时社会精神文化的展现；而从其影响意义的角度来看，童帽中丰富的装饰元素也为现在的设计提供了借鉴的资源。近代中原童帽的装饰特点展现出了我国传统民间服饰的艺术特色，也是民间服饰文化中与众不同、不可缺少的一个亮点，具有深刻的历史价值和时代意义。

第二节　围涎

围涎是围在儿童颈部，防止口水、饭渍等弄脏衣服而穿着的服饰，是从披肩、围肩、挂肩等围饰中衍生出来的品类。围涎是古代儿童使用较早的一款服饰，在唐代敦煌壁画《化生童子》中就已出现。在历代以婴戏为题材的艺术作品中，儿童围涎出现的虽然不多，但是偶尔也能看到。清代晚期至民国时期的儿童围涎，有大量实物留存至今，成为我国近代童装研究内容的一部分。围涎在清代最为流行，围涎可以有效地避免衣服领口被弄脏，并且适时转动围涎，将沾湿的地方移开，也可以让下颚保持干净清爽，防止皮肤湿疹。围涎一般制作得比较厚实，由多层面料缝制而成，造型多为简单的抹角方形、圆形、花瓣形。人们并不满足于围涎的防污功能，将围涎裁剪、缝制成各式各样的形状，并且在围涎上进行装饰，赋予其装饰功能。同时，围涎因其实用性和审美性兼具，历经岁月的洗练后，造型更为丰富。新的造型不仅生动、有趣，还打破了传统造型片状拼接的形式，体现了中华民族劳动人民的勤劳和智慧。

围涎的一片式结构制作起来比较简单，将一块面料的中间剪开一个圆形领口即可。通常情况下，围涎有双层面料，造型的四周向外延伸，很多围涎一周的宽度、形状一致，一块布料湿了转动一下，就可以“转湿为干”。清代名物训诂及考据学者郝懿行在《证俗文》卷二中写道：“涎衣，今俗谓之围嘴。其状如绣领，裁帛六、七片，合缝，施于颈上，其端缀纽，小儿流涎，转湿为干。”云肩是汉族的传统服饰，也被称作披肩，兼具装饰性与功能性。一些精致的围涎上饰有精美刺绣，所绣纹样和文字内容多具有吉祥寓意，有些做成连缀结构，这些做工精致的围涎便类似于云肩。幼童多穿着围涎，大童则多穿着云肩。李渔曾在《闲情偶寄》中写道：“云肩以护衣领，不使沾油，制之最善者也。”这说明云肩具有防止衣领沾染秽物的使用价值。云肩发展的巅峰时期在元代末期、清代末期直至民初的这段时期，它和“霞帔”有相同的作用，都是用于肩膀的有实用性和装饰性的服饰，先以实用性为主，后向装饰性发展。随着时代的变迁，它们也发生了改变，其在不同时代的形制和叫法也不同。云肩多以彩锦绣制而成，以四方四合云纹装饰，披于肩上，并在四周彩绣有精致而寓意深刻的吉祥图案，民间云肩在民国时期以后就逐渐淡出人们的视野。从形制和功能上可以看出围涎和云肩比较相似，只是围涎的造型更加充满童趣，生动活泼。

围涎从最初的一片式样式发展到形态各异的样式，工艺精致美观，逐渐形成了独特的装饰艺术，其中蕴含了丰富多彩的民俗文化，承载了母辈为孩子求吉求福的美好心愿。目前有较多近现代中原儿童围涎的留存实物，这些围涎形态各异，工艺和设计各有千秋，大部分用棉布和绸缎制作而成，具有柔软舒适、吸湿透气的特点。这些丰富的围涎作品，让今天的我们得以感受到真挚的母爱、细腻淳朴的手工技艺和物资匮乏时期女性的聪明智慧。

围涎的造型有自然界动植物、日常生活器物等客观形象，也有将客观形象变形创造出的主观形象。在造型和主题方面，围涎可以分为花卉主题围涎、动物主题围涎、娃娃造型围涎和一体式围涎。

一、花卉主题围涎

在留存下来的实物中，花卉主题围涎所占比例最大，它们或是外轮廓裁剪成花瓣的形状；或是用一片片的花瓣造型布料组成围涎；或是在围涎上绣上精美的花草纹样，姿态万千，美不胜收。花卉主题纹样多取材于大自然，融入了制作者自己的见解和感受，用概括、归纳的手法表达自然花果真挚、纯朴、自然的本质风貌，并对其进行大胆取舍和归纳提炼（图 3-9）。一体花瓣造型有四片式（见款式一）、五片式（见款式二）、六片式（见款式三与款式四），甚至七片式、八片式，花瓣数较多的则有十二片、十六片。其中，四片式、六片式最为常见，在花瓣上绣有牡丹、石榴、梅花、菊花等纹样。围涎在片数上讲究“趋吉性”：四片式中的“四”在古代一直是寓意吉祥的数字，因为四是双数的倍数，所以古人认为它有圆满的意思；六片式中的“六”则与象征功名的“禄”同音，取其“六六大顺”之意，祝愿孩童事事顺心，代代多福多寿；五片式则寓意“长寿”“富贵”“康宁”“好德”“善终”五福临门。同时，每一片围涎的造型也非常讲究，注重面与面之间的搭配，尤其是其与图案的结合，包括分布、比例等细节处理，处处体现着均衡、雅致之美。

款式五为八角形围涎，以蓝色做底色，围绕着颈部绣有四组花卉纹样，四组初看似乎相同，在细节上却各有不同。款式六的设计分为两半，一半为素色，另一半通过贴布绣、包花绣的工艺做成莲花形状。款式七以红色为底色，增加了几分喜庆的效果，上面采用贴布绣绣有佛手、石榴等纹样，并以蓝色镶边。款式八以包花绣技法做出石榴、寿桃、凤鸟的造型，再以平绣、手绘的方式丰富细节，围涎下面的石榴部分是先用手针缝出网格，再手绘出明暗效果制成的。可以看出，先辈们为了达到设计效果可谓是集众家之长，体现了民间工艺美术的不拘一格和巧妙构思，整体富有自然和朴素的美感。

款式九的制作者将围涎裁剪成寿桃的形状，整体采用了对比鲜明的蓝色和黄色，在寿桃上绣以花卉和蝴蝶纹样，丰富了层次。款式十的制作者将围涎设计为锁形，近现代中原童装造型中有很多都用到了锁形，寓意孩子健康平安，围涎上的花卉图案花型大气舒展，并以缝线勾勒出叶脉，每一片叶子的边缘均镶边来增加层次感。

同一时期外形相似的服饰品类，由于受到同样的社会生产方式和文化习俗的影响，都会有所联系，特别是在外观造型、实用功能的选择和文化内涵上有较深的渊源。款式十一是介于围涎和云肩之间的款式，其中 16 朵花朵离心式排列，这种将花朵晕染渐变的形式在当时非常流行，可以看到很多的留存实物都以纯白色面料做底布，缝制好造型后在上面绘制出底色和细节。款式十二同样是以手绘晕染为主要表现技法的款式，此款为连缀结构，整个云肩分为四组花型，每组花型各不相同：有蝙蝠、寿桃组合的造型，寓意“福寿两全”，有蝴蝶、石榴组合的造型，寓意“祈求多子”，还有吉鸟与花卉搭配的造型，或是佛手与花卉搭配的造型。人们将吉祥纹样中的佛手瓜、寿桃和石榴合称为“三多”，佛手瓜的“佛”与“福”谐音，代表着吉祥祝福，寿桃和石榴代表多寿、多子，因此“三多”即为“福多、寿多、子多”。单一的纹样之间通过串珠的线条、块面联结而产生穿插排列的连续效果。通过针线将图案、布料有规律地连接，从而形成一种有秩序的韵律美。

二、动物主题围涎

母亲们会把各类瑞兽、益虫等纹样设计在围涎作品中，多以老虎和狮子纹样为主，还有龙、凤、蛙、猪、蝴蝶、金鱼等纹样。传统文化中虎被认为是儿童的守护神，人们认为给儿童穿戴饰有老虎纹样的服饰，可以保护儿童健康成长、祛病消灾。围涎中虎的造型也别出心裁，在平面的环形条件限制下也可以制作出各式风格。图 3-10 展示了四

款式一

款式二

款式三

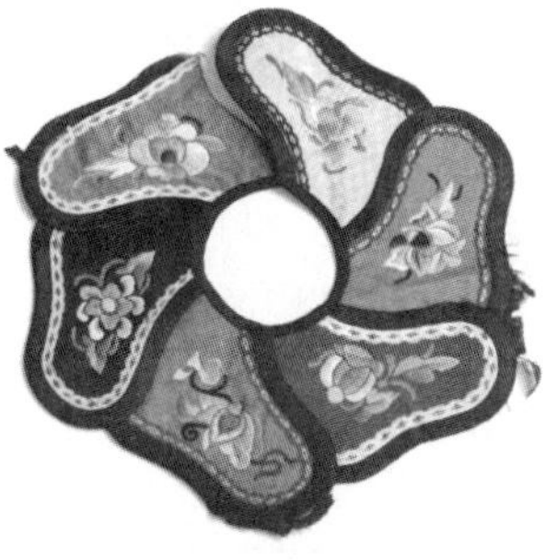

款式四

款式五

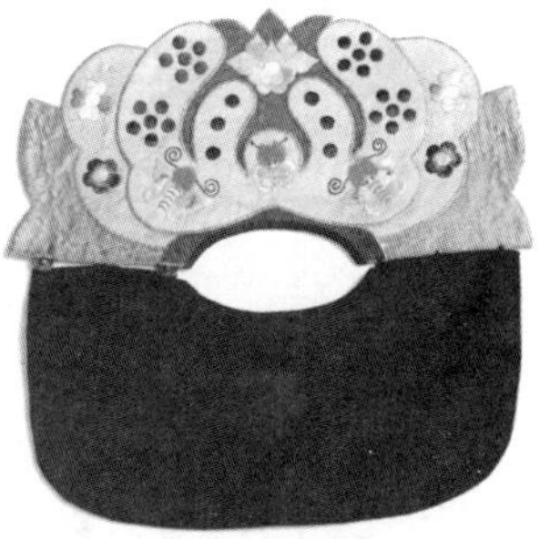

款式六

款式七

款式八

款式九

款式十

款式十一

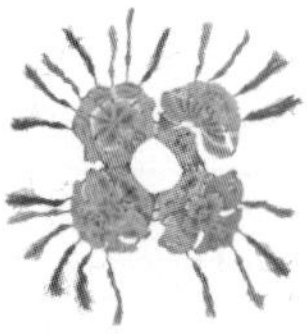

款式十二

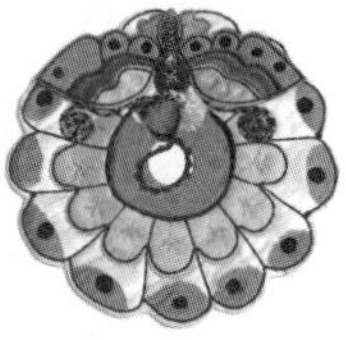

款式十三

款式十四

款式十五

款式十六

款式十七

款式十八

款式十九

款式二十

图 3-9 花卉主题围涎

种款式的虎纹围涎。款式一的围涎以蓝紫色为底色，前面的虎头设计小巧可爱，以夸张的虎纹装饰强调动物特征。款式二同样是虎纹围涎，将整个围涎做成虎身造型，虎头五官设计为立体形状，增加了体量感和趣味性。

款式三以平绣、贴布绣和手绘技艺综合表现出老虎的纹样，以浅蓝色作为背景色，虎身选择了老虎自身的橙黄色，虎纹绘制栩栩如生，大有猛虎下山之势。款式四则以绿色作为虎身的颜色，虎身上采用盘金绣绣有盘长纹、金钱纹，周边装饰有流水纹花边。狮子虽不是本土动物，在吉祥图案中也常有出现，图 3-11 为狮子绣球纹围涎，其中的狮子造型形态逼真，仿佛跃然眼前。

农村有句俗语，“富不离书，穷不离猪”。在旧时，农村几乎家家养猪，养猪是重要的经济来源，猪的纹样在儿童帽饰、围涎、鞋子、枕头中都可以看到。人们常将猪的形象装饰于童装中，小猪造型憨态可掬，富有趣味。图 3-12 为猪纹围涎，设计时夸张突出了猪鼻的特征，因造型需要，耳朵比例略小，猪身两侧平绣有用来装饰的花卉纹样，

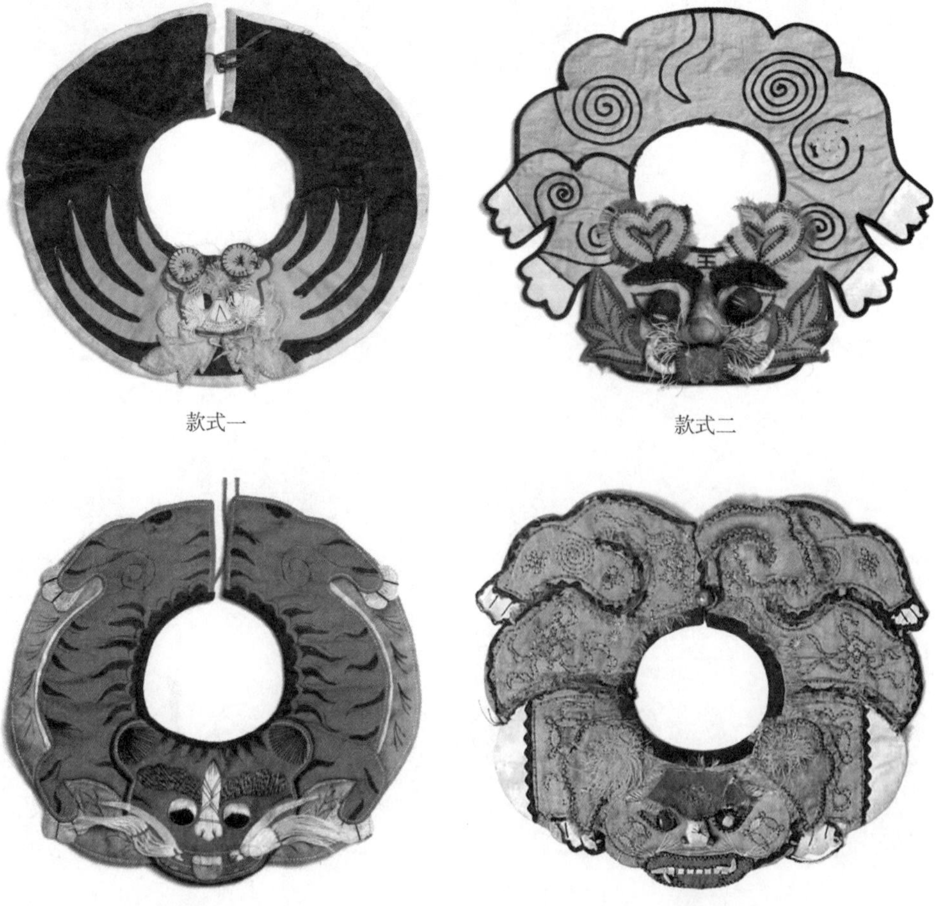

款式一　款式二

款式三　款式四

图 3-10　虎纹围涎

图 3-11　狮子绣球纹围涎

图 3-12　猪纹围涎

以黑色为底色，花卉和猪的五官采用了颜色鲜亮突出的绣线，表达了民间百姓期盼下一代吉祥安顺的美好心愿。以猪为题材的围涎是健康富贵和生命活力的象征，同时体现了民间艺人不拘一格的造物理念。

蝴蝶是吉祥纹样中常见的题材，被誉为“会飞的花朵”。蝴蝶是爱情忠贞的象征，而其与不同的纹样组合又有不同的寓意，如与花卉搭配寓意“夫妻恩爱”，与虎纹搭配寓意“耄耋”，象征长寿。图 3-13 展示了两种款式的蝴蝶纹围涎。款式一由四只蝴蝶围合成一个对称的围涎造型，其中的每只蝴蝶造型相同，色彩不同，且动态十足，细节丰富，可见制作者构思之巧妙。款式二是少见的正方形围涎，在正方形的四角处绣有相同的蝴蝶纹样，每只蝴蝶被划分为小的色块区间，并以同类渐变色设计色彩，造型简洁美观。

款式一

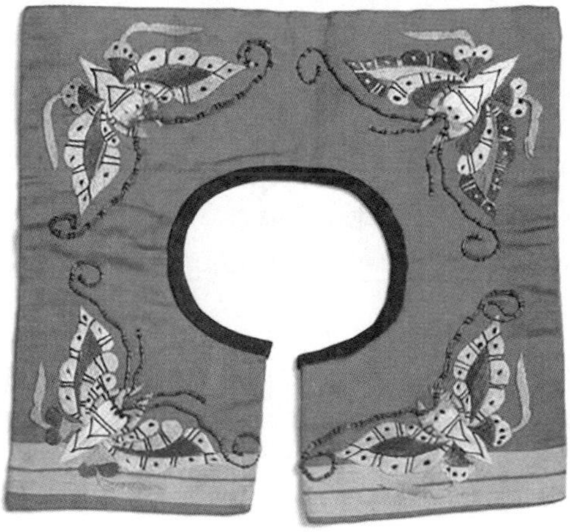

款式二

图 3-13　蝴蝶纹围涎

鱼的形象也常用于童装中，主要以鱼的造型作为装饰主体。鱼在秦汉时期便被当作吉祥图案来使用，象征富裕、吉庆、爱情和幸福。图 3-14 为金鱼造型的围涎，围涎的一半装饰有朴素的四方连续碎花纹样，另一半为一条多彩的金鱼造型。金鱼谐音“金玉”，寓意“金玉满堂”。这款围涎绣工较疏松，主要以贴布绣和布局松散的绣线表现金鱼细节，却也另有一番韵味。

服饰纹样在封建社会有着严格的等级制度，龙纹只有天子才能使用。封建制度瓦解后，封建制度中的纹样使用限制也不复存在，人们对纹样的选择也更加自由。图 3-15 是红底“双龙戏珠”围涎，大部分此类纹样中的“珠”是具象的珠子，这款围涎上则是蜘蛛，也与中原民间“避五毒”的习俗相关。农历五月初五端午节这天，不仅有穿“五毒”肚兜的习俗，围涎的纹样也可以绣成“五毒”纹样（图 3-16）。

图 3-14　金鱼造型围涎

图 3-15　“双龙戏珠”围涎

图 3-16　“五毒”围涎

三、娃娃造型围涎

娃娃造型围涎就是将围涎设计成娃娃环抱的造型，整体由娃娃的头部、双手、双脚五部分组成，儿童穿戴时形似被一个娃娃用手臂抱起来，体现了民间的“护子”习俗，呈现出“一团和气”的视觉效果，是艺术性、功能性俱全的一种围涎。吉祥图案中有很多儿童题材的图案，娃娃形象的图案通常与其他吉祥纹样搭配使用，增加围涎的审美层次，使造型、图案、工艺更加丰富多彩。图 3-17 展示了三种款式的娃娃造型围涎。款式一中的娃娃五官生动，是平躺的姿态，身旁装饰有花草纹样，辫子则做成了可以动的具象形态。款式二在娃娃的肩膀处绣有喜鹊和梅花纹样，寓意“喜上眉梢”，腿上则绣有白菜纹样，寓意“百财”。款式三在娃娃的肩部和腿部绣有瑞兽纹样，体现了“瑞兽护子”的民俗文化。娃娃造型围涎较多都使用了彩绘，彩绘也被称作“丹青”，我国自古有之。彩绘是我国传统建筑中常用的工艺，最早可以追溯到春秋时期，流行于隋唐时期，盛行于明清时期。运用彩绘手法时只需用笔勾勒纹样即可，操作便捷，能充分展现设计的个性化特点，在如今依然流行。

款式一

款式二

款式三

图 3-17 娃娃造型围涎

四、一体式围涎

一体式围涎即围涎和肚兜结合的一种款式，不仅发挥了围涎的作用，大面积保护孩子前面的衣服不被弄脏，将围涎的前领口部分加长后就好像一件衣服的前片，有些还会在腰部增加绳带，穿用时系在腰间可以防止移动。这种一体式的围涎方便实用，便于孩子活动，以其优越的实用性沿用至今。

儿童围涎的外部形态非常多样，造型也各有不同，但通常都注重外部轮廓的对称性和色彩的层次性。民间历来有给儿童系肚兜以防受寒的习俗，围涎则是用来保护儿童的下颚和胸前衣物不被弄脏。由于肚兜与围涎均是用来保护儿童的服饰且胸腹相连，因此发展到后期，便自然结合在一起，形成了一种特殊的款式，即一体式围涎。这种造型上的组合不仅可以刺绣更加丰富的纹样作装饰，而且使对儿童的保护更加完善。

清代时期盛行给儿童佩戴“长命锁”，长辈以此来保佑儿童平安，这一习俗流传至今。在古代，长命锁是重要的贺礼佳品，也是童装中不可缺少的服饰品类。长命锁不仅造型美观，还具有长命百岁的寓意。传统民俗认为儿童戴上“长命锁”就要一直佩戴到成年才能摘下，这种习俗不仅在中原盛行，而且遍及全国各个地区。长命锁大多是采用金、银制作的饰品，在锁上簪刻有图案和文字，文字多为“长命富贵”“长命百岁”等吉祥话语。儿童围涎上的图案装饰不可或缺，是其艺术美感的重要体现。图 3-18 这款一体式围涎以紫色为底色，将长命锁的纹样绣于围涎上，模拟长命锁的佩戴效果，锁上绣有“长命锁”字样，并在锁链的左、右各坠一个葫芦，前下方绣有“花中君子”梅、竹、菊的纹样。

近现代中原地区的儿童围涎造型优美，绣工精致，构图及装饰纹样的运用体现出浓厚的文化内涵，是民间工艺美术的瑰宝。围涎的外形、图案、色彩等设计，遵从“图必有意，意必吉祥”的传统吉祥图案使用原则。我国古代历来注重天人合一的理念，服饰文化中也是如此，其核心与《周易·系辞》中写到的“以通神明之德，以类万物之情”相通。也就是说，围涎的造型与自然万物相通，从造型到纹样的取材皆来源于生活，造型对称均衡，符合形式美的法则，并且取法自然。近现代中原地区儿童围涎兼具实用性和审美性，是传统女红技艺的载体，也是母爱的寄托，更是文化的传承。

图 3-18　一体式围涎

第三节　袄、褂

清代服饰纹饰之繁缛和形制之多样，堪称历代服饰之最。清代末期，随着封建制度的瓦解，曾经流行于统治阶层的服装体制和服饰纹样逐渐在民间流行起来。民国初期，童装纹样与搭配装饰更多的是出于审美需求和感性需求，儿童袄、褂基本仿制成人款式。清末民初，服装纹饰经历了由繁到简的演变，但是其审美效果却并没有因纹饰的简化而打折扣。从现代审美角度来看，这种服装纹饰由繁变简的演变反而是一种进步的表现，主要体现在政治和经济上。因社会变革，西方的机械化纺织工业对原有传统手工纺织业造成冲击，机械化生产也使产品具有简化、单一的特点，此外，欧洲的抽纱、绒绣等工艺和新式纹样也被传入我国，对传统的丝织装饰纹样产生了极大的影响，推动了服装传统纹样和装饰的进一步简化。而纵观近现代中原童装的演变过程，也是一个装饰由繁到简的演变过程。

褂是清末民初时妇女中常见的外衣形式，有对襟、大襟、琵琶襟、人字襟、直襟、斜襟等多种样式。晚清时期的褂很多都具有满、汉两族服饰文化融合的特征。成人褂的衣长延至臀部以下，有时甚至过膝，儿童为了穿着起来活动方便，褂的衣长通常较短，一般到臀部。在留存下来的清末民初儿童褂的实物中，有不少是夹棉款式，这些也被称为“袄”。图 3-19 为一件红地缎面“三星高照”童袄，右开襟，右衽，衣身合体，衣袖长短、宽窄适中，上绣“福、禄、寿”三星及花卉图案，领口用织锦缎进行包边，右腋下处系绳方便穿脱；后背处也运用了绣工，后身绣有的人物形象与前身相同，但花卉图案布局有所不同；肩袖连接处的绣花纹样前后均可见。传统服饰使用的面料多是棉布或绸缎等，具有轻薄的质地，不易塑形也不耐常穿，尤其是领缘、袖缘、襟缘等衣服边缘处容易磨损，所以通常会在上面加上一些较厚的面料作为缘饰，延长服装的穿着期限。缘饰工艺在清代发展到顶峰，比之早期窄小素色的特点，缘边变得越来越宽，花边也越来越多，发展到“十八镶”。不仅如此，还有用各色珠宝作为装饰的，也有用镂空的技法做出各种图案的，总之极尽奢华。与皇室和富贵人家的服装相比，中原平民儿童服装的制作工艺存在参差不齐的情况，因其绝大部分为家庭手工制作而成，母辈们的女红水平也不同，有些工整细腻，有些则笨拙粗犷，但一针一线中都透出淳朴的特质。

正面

背面

图 3-19 “三星高照”童袄

图 3-20 为一件蓝地对襟夹袄，中高圆式立领，衣身合体。蓝色在围涎、肚兜等中原童装中常有使用，这款夹袄以蓝地缎面提花为底，前身只在领处采用一点绣工，后身则大面积采用平针绣绣有花卉纹样和凤纹，针脚细密平整。大部分袄的绣工都集中在前身，而这款设计采用了逆向思维，反其道而行，更加别致。

图 3-21 为一件红地人物纹偏襟褂，褂袖与衣身拼接，以蓝色棉布作缘边，结实耐用，前身绣有莲花、金鱼、花卉、吉鸟的纹样，后身绣有蝴蝶、花卉、人物的纹样。前片下摆处拼接有一块布料，猜测应该是制作时布料大小不够不得已进行的拼接，体现了近现代中原童装制作中“惜料不惜工”的特点。此款上衣袖口处采用了绲边装饰，绲边工艺也被称作包边工艺，是一种用布条包裹面料边缘，使其牢固美观的装饰工艺。绲边工艺适用于边缘任何弧度的造型，可以使边缘牢固整洁，极具功能性和观赏性。绲边工艺采用的面料多为斜布条，颜色质地可以与面料或里料相同，也可以不同，有些也用专用的包边花边，此款褂袖口处正反面的绲边都外露可见。按照绲边条的宽窄来分，绲边可以分为两种类型，即阔绲和狭绲。阔绲做好后的绲边条宽度大于 0.3 厘米，由于宽度

正面

背面

图 3-20　蓝地对襟夹袄

正面

背面局部

图 3-21 红地人物纹偏襟褂

较大，不适合用在弧度较大的边缘处；狭绲做好后的绲边条宽度大约为 0.3 厘米，可以在边缘形成一道狭窄的装饰线。由于绲边条较窄，因此多用较薄的面料，便于造型。在绲边工艺的基础上延伸出用阔绲的方式绲边后再在里面镶一条绦子边，使工艺更具观赏性。

图 3-22 中的褂为一件百家衣，长辈为儿童穿上百家衣以祈愿“借福得福”，据说是受佛教服饰“百衲衣”的影响。佛教里的袈裟是拼缝布块而成的百衲衣，是最有代表性的僧衣，民间妇女为借佛家惜物之心，向邻家讨来碎布，为儿童缝制百家衣或百家被，期盼保佑儿童健康成长。在明代，民间妇女中流行的“水田衣”就是百衲衣，李渔在《闲情偶寄》中写道：“至于大背情理，可为人心世道之忧者，则零拼碎补之服，俗

名呼为‘水田衣’者是已。衣之有缝，古人非好为之，不得已也。”水田衣和百家衣形制相似，既是美好祝愿的表现载体，也是对物资贫乏时期的物尽其用、勤劳节俭的妇女智慧的体现。

经过长期的历史演变，到了晚清民国初期，拼布技艺是指将各色布料裁剪成一种或多种几何形小布片然后拼接缝合成服饰品，其中有佛教僧人穿着的百衲衣，有妇女穿着的水田衣，有儿童穿的百家衣，形制类似，这些拼布服饰经过巧手匠思的设计，形成了独特的审美形式。采用拼布工艺制作的百家衣具有实用功能、审美功能和文化功能，体现了中华民族“惜物节用”的传统美德。在农耕文明自给自足的生产方式下，每一块布料都承载着人们大量的劳动，即使是很小的布片也来之不易，人们把小布头裁剪成相同的一种或几种几何形状的布料，再拼合在一起形成一个完整有序的整体，做出的服饰品美观又与众不同。百家衣色彩根据碎布的色彩千变万化，并且可以根据不同用途、不同人群调整，因此适用范围较广。僧人穿百衲衣希望以此来修养自身，妇女穿水田衣希望

正面

背面

图 3-22　百家衣

以此来增添自身的美丽，儿童穿百家衣则是长辈希望衣服可以纳百家之福、消灾祈福，让儿童可以健康成长。每一块布片都蕴含着各家的祝福，民间认为吃百家饭、穿百家衣的孩子拥有百家的福气，好长大。百家衣逐渐成了汉族的传统服饰，近现代中原童装中运用同样工艺的还有背褡、肚兜、围涎等。

人们的审美遵循我国传统的造物观，极为讲究秩序感，因此采用拼布工艺时用的布片之间也大小呼应、长短穿插、色彩丰富，充满了童趣。相同元素的重复使用以及不同颜色的交替变化，使服装的视觉效果上既有节奏又有变化，像音乐讲究韵律一样，在固定的秩序中自由地创作。由于制作材料仅需要小块的布片，很多裁剪衣物时剩下来的小碎布便可以被充分利用起来，因此拼布工艺不仅充满了智慧，充满了童趣，更体现了惜用节物的造物精神。

图 3-23 为一件深蓝地团花对襟褂，这件童褂遵循了成人旗装的设计制作方法，袖口、领口、下摆处均采用缘饰工艺，侧缝开叉和前襟边缘处宽边有如意头装饰，前后身

正面

背面

图 3-23 深蓝地团花对襟褂

采用平针绣绣有对称团花纹样，前襟缀有三个盘扣，盘扣也称被作“扭结”，是我国传统服饰中纽扣的一种。盘扣多用来固定衣襟或用作装饰，用布条盘成，盘成的样式种类丰富。

图 3-24 为一件黄地右衽凤纹褂，领口装饰为淡紫色缎并绣有二方花草纹样，镶边为浅灰色，并装饰有流水纹花边，衣身绣有凤凰花卉纹样，前后身主纹样一致，配色典雅，绣工工整细密。镶边是指用与底布不同色的布条、花边或者是绣片装饰在服饰边缘的一种工艺，最常用在衣领、衣襟和袖口等部位。不同材质的镶边可以做出不同的效果，极有装饰特色，按照制作者的个人喜好，镶边可以镶一条也可以镶多条。绲边工艺和镶边工艺一起使用更能增加服饰装饰的视觉效果。清朝服饰注重工艺的精致繁复，更是偏爱多重镶边的工艺，晚清女装上甚至出现了“十八镶”。由于受到西方文明和工业生产的影响，晚清民国时期，人们自给自足的生活方式逐渐发生改变，使用的镶边材料开始多样化，特别是西方工艺生产的涤条花边，使用简单，在节省人力和成本的同时依旧装饰美观。

图 3-25 为一件紫地右衽花卉纹褂，领口饰边装饰，并在袖口、侧缝和底边处镶有不同的花边，配色艳丽明快。

正面

背面

图 3-24　黄地右衽凤纹褂

很多女童穿的外衣和裙装，其形制和成年女性的服饰类似。图 3-26 为一件缎地提花蝴蝶花卉纹褂，这款上衣为右衽，高立领，底布为缎面提花面料，并在衣身绣有花卉蝴蝶纹样，颜色靓丽，纹样层次丰富。领子上缀有三个一字扣，偏襟和右腋下处均缀有一字扣。一字扣是上衣中常用的连接部件，美观实用，成人袄、褂大多使用一字扣进行装饰。一字扣简单大方，更不会在整体设计中喧宾夺主，很适合用来装饰色彩艳丽的服装。

正面

背面

图 3-25 紫地右衽花卉纹褂

图 3-26 缎地提花蝴蝶花卉纹褂

第四节 肚兜

肚兜也被称为兜肚、裹肚、棉肚等，其形制为只有前身有布片，后身则用布带连接或系带固定，一般作为内衣穿着。在传统刺绣图案“婴戏图”中也可见其作为外衣穿用，主要用于保护儿童的胸、腹部不受凉，并在颈部系一根带子，腰上再系一根带子或用布带连接进行固定。肚兜在夏季可直接外穿，做内衣可保暖，形制简洁、实用，方便穿着，因此成为童装不可或缺的一个品类。有不少清代末期肚兜的实物留存了下来，肚兜上的图案十分精美，寓意深刻，体现了高超的刺绣工艺，这些实物可以使我们对当时儿童肚兜的形制有更加直观地了解。

肚兜主要由两部分组成，一部分是遮胸裹腹的部分，另一部分是起固定作用的颈部系带和腰部系带部分。从目前留存的实物来看，肚兜的整体形制以菱形为最多，此外还有半圆形、葫芦形、长方形、梨形等。肚兜的设计亮点和精彩传神的精髓在于其图案和配色，它是传达民间艺术和制作者内在丰富情感的一种精神载体。长辈们将所有美好的愿望都通过精致的图案和富含深情的一针一线表达出来，即使肚兜的面料和图案都相同，每位制作者也会根据自己的想法和情感设计不同的针法与配色，因此每一件肚兜都是独一无二的。

一件肚兜就是一件赏心悦目的工艺品，丰富艳丽的色彩和精湛的传统工艺吸引着人们，精致的肚兜图案和精美绝伦的绣工令人赞叹，每一件都倾注了先辈们的大量时间、精力和情感。传统肚兜的款式造型体现了我国社会结构与文化结构在长期的历史进程中逐渐形成的集体审美意识，体现了广大劳动人民的智慧和敢于尝试的精神，也体现了创作者浪漫而富于幻想的创作理念。

肚兜形制为平面结构，其工艺手法多为在平面范围内进行的拼贴工艺和刺绣工艺等，其装饰设计手法可以总结为居中式、上缘式、下角式、角偶式、角心式、满地式等。所谓居中式即在肚兜构图的中心处设计一个主图的样式，图 3-27 是一件居中式“五福捧寿”肚兜，蝙蝠的“蝠”与“福”同音，因此祈福主题的吉祥纹样中多有蝙蝠出现。这件肚兜上的五只蝙蝠共有两种形态，以贴布绣的方式呈现出来。所谓贴布绣即根据设计将合适的布料剪出图案形状，有时是同色，有时是多种颜色的布料共同呈现，将布条、花边等剪裁好的图形组成图案，贴缝于衣片之上。因布料容易脱边，制作者一般会把布边折成净边，或用手缝针把布边进行锁边处理，总之不能让布料脱边。

上缘式即在肚兜上半部分做装饰的样式，其余部分皆为底布。下角式和上缘式相对，即在肚兜的下半部分做装饰。角隅式即在肚兜的角位做装饰的样式，有时装饰在肚兜的四角，有时装饰在肚兜的上、左、右角或下、左、右角。图 3-28 为一件角隅装饰肚兜。

角心式则是在角隅式的基础上，在肚兜的中心添加适合纹样的样式。图 3-29 为一件角心装饰肚兜，均在四角做设计，中心饰有一个“福”字，清晰醒目。四角有主次之分：上角绣有蝶恋花纹样，以黑色底布衬托，并将底布饰边手缝，防止脱边，饰边大小均匀、针迹细密；左、右两角的角花设计成桃形，并采用平绣绣有花卉图案，底布与领口呼应；下角纹样面积最大，采用平绣绣有蝶恋花纹样，并装饰贴布绣。整件肚兜做工精细，图案主次分明。

满地式即图案构图在整个肚兜展开的样式，底布衬于图案之后，或几乎被图案覆盖，这种构图耗费工时较多，但构图丰满，有视觉冲击力，需要有较高的艺术素养才能做到图案多而不乱。

除了遵循构图的规律外，肚兜的图案题材还遵循着“意必吉祥”的设计原则，祈福祈寿类纹样就是常见题材。图 3-30 为一件福寿纹样肚兜，肚兜上的主图为蝙蝠和寿桃构成，寓意“福寿双全”，寿桃旁辅以桃花陪衬，这种图案设计方法，不考虑实际的场景和季节，将寓意吉祥的图案合理编排在画面中。肚兜主体选用蓝色，下摆处做成圆弧状，穿着起来更加舒适，同时为了使画面更加丰富，在肚兜的左、右两边做了布料拼贴，领口也采用平绣进行装饰。

在儿童肚兜纹样中，寓意子孙繁衍、多子多福的纹样题材占了较大比重。母亲会通

图 3-27 居中式“五福捧寿”肚兜

图 3-28 角隅装饰肚兜

图 3-29 角心装饰肚兜

图 3-30 福寿纹样肚兜

图 3-31 石榴纹样肚兜

图 3-32 松鼠葡萄纹肚兜

过肚兜纹样寄托自己对后代的美好期盼，将对孩子充沛的感情缝制在孩子的肚兜上。例如，借“麒麟送子”纹表达希望能够孕育出博学多才、出类拔萃的孩子，借“莲生贵子”纹表达对子孙繁衍、家业兴旺的期待，这些都体现出传统社会对子孙兴旺的重视。用来表达多子祝福的植物纹样主要有：莲花寓意“莲生贵子”，石榴、葡萄等寓意“多子多福”，瓜果寓意“瓜瓞绵绵”；寓意多子的动物纹样主要有：鱼、蛙、鼠等繁殖能力比较强的动物，以及代表爱恋的蝶恋花纹样等。除此之外，儿童肚兜中还有民间故事纹样，如麒麟送书、麒麟送子、鹊桥相会、牛郎织女等。图 3-31 是一件正方形石榴纹样肚兜，以石榴作为图案主体，石榴寓意多子，在石榴上面还有三个孩童。图 3-32 为一件松鼠葡萄纹肚兜，其上也是表达多子祈福主题的纹样，领口装饰有蝶恋花纹样，肚兜的主体部分绣有葡萄和松鼠的纹样，均为多子题材元素。

图 3-33 是一件典型的运用“莲生贵子”纹样设计的肚兜，画面中一个孩童坐在莲花上悠然自得，旁边辅以金鱼纹样进行刺绣装饰。图 3-34 为一件“蝶恋花”纹肚兜，以红色面料为底布，肚兜中间的主体图案为采用平绣绣成的“蝶恋花”纹样，上角领口处拼接蓝色，绣有“莲生贵子”纹样，布料拼接处装饰有蕾丝花边，上领口处有两个盘扣。整件肚兜的图案饱满舒展，细节处理精致细腻。

图 3-35 是一件“四菜一汤”构图形式的百子图纹样肚兜。“四菜一汤”构图形式

即在肚兜的四角做装饰并在肚兜的中间设计一个主图。百子图，也叫“百子迎福图”“百子嬉春图”“百子戏春图”。在我国传统文化中，由于“百”有“大”或者“无穷”的意思，因此人们认为它可以把祝福、恭贺的良好寓意呈现到极致。整个作品做工非常精致，以蓝色作为基色，上、左、右三角以黑布拼接并绣有精致的图案，下角主图占的面积相对较大，画面中有六个孩子在嬉戏打闹，有的在跳绳，有的在玩风车，场面热闹，整体布局疏密有序。肚兜的中间图案中有两个正在做游戏的孩童，孩童之间似有交流，神态活灵活现。

图 3-36 为一件“福寿三多”纹肚兜，肚兜上绣有人物纹，中间主图由蝙蝠、寿桃、石榴和佛手构成，寓意“福多、寿多、子多”。福寿三多纹在传统吉祥纹样中常有使用，是常见的吉祥纹样题材。

对于蛙纹在服饰中的使用，有学者认为来源于女娲崇拜，因传说人类是女娲和伏羲的后代，“娲”与“蛙”同音，而更多的学者认为其来源于对蛙的生殖崇拜。蛙崇拜的习俗在西北地区尤为盛行，在中原地区也有出现，因“蛙”谐音“娃”，因此人们用“蛙”的形象代表“娃”。在有蛙纹的服饰与生活用品中，不仅有蛙纹肚兜，还有蛙纹坎肩、蛙纹荷包、蛙纹枕等。图 3-37 是一件蛙纹贴布绣肚兜，蛙纹左右对称，穿在身上好像环抱着孩子。

图 3-33 “莲生贵子”纹肚兜

图 3-34 “蝶恋花”纹肚兜

图 3-35 百子图纹样肚兜

图 3-36 “福寿三多”纹肚兜

图 3-37 蛙纹肚兜

在前文已讲述，每年农历五月初五是端午节，直至今日中原地区依然有在这一天给儿童穿“五毒”肚兜的习俗，人们认为给孩子穿上“五毒”肚兜可以避“五毒”。“五毒”是指蜈蚣、毒蛇、蝎子、壁虎和蟾蜍，有些地区是蜘蛛代替蜈蚣，总之是指身体有毒牙、毒钩等有毒器官的生物，有时会在“五毒”肚兜上绣有瑞兽纹样如老虎、狮子等，被称为“瑞兽震五毒”，如图 3-38 所示款式三。同时，“五毒”的“五”不能被其他数值替代，即使在图案中有四只毒虫或六只毒虫，也不能将其称为“四毒”或“六毒”，均统称为“五毒”。

图 3-39 为一件牛仔材质肚兜，选择少见的薄牛仔为底布，在上、下两角进行装饰，下角采用锁链绣针法绣有石榴花卉纹，将边缘底布修剪后给人以镂空的视觉效果。

图 3-40 展示了三种款式的贴布绣肚兜。款式一的整体图案布局较为饱满，图案几乎占据整个肚兜，以深蓝牛仔面料做底布，花卉、人物等纹样均以粉红色系的颜色呈现，并根据使用需求设计了一个口袋，口袋两端封口处用花朵装饰，口袋上以贴布绣的方式呈现出一派丰收喜庆的图案景象。贴布绣也被称为贴补绣、包花绣，是一种以布料

款式一

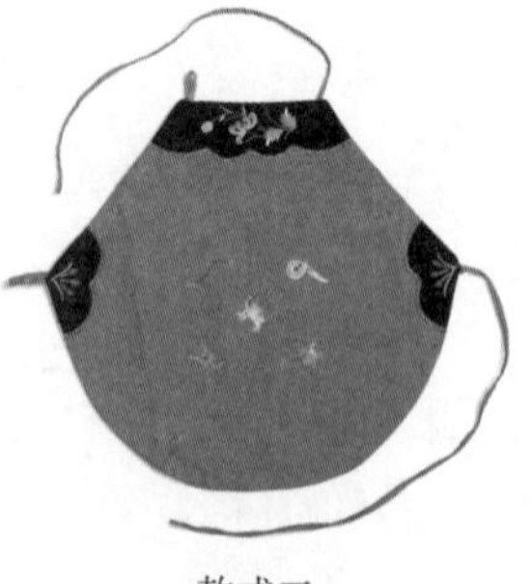

款式二

款式三

图 3-38 “五毒”肚兜

图 3-39　牛仔材质肚兜

代替绣线呈现图案的制作工艺，根据图案设计好贴布层次后，安置好上下叠放的顺序，凡是没有被别的布料压着的布边都要处理成净边，并进行手工平缝，需要保证针脚均匀细密，弧度圆顺。

款式二和款式三也是采用贴布绣工艺制作的肚兜，选择合适的面料后剪出需要的形状，贴缝在底布上，贴布的风格应与底布和图案风格协调。贴布绣因其亲切、质朴、自然的特质在民间广为流传，深受人们喜爱，在全国各地均有出现，其在制作上较刺绣更加便捷，速度更快，并且使用过程中面料较绣线更加耐磨耐用，还能充分利用做衣服剩下的边角料。

图 3-41 展示了两种款式的拼布肚兜，两件肚兜均别具一格。款式一的领口和左、右两角装饰有花卉和蝴蝶纹样，中间用不同颜色、不同形状的小布块拼出绚丽丰富的色块。这种拼接的设计手法类似于百家衣，因节俭、美观的特点逐渐成为一种普遍现象，不仅在儿童的外衣、肚兜等服饰中出现，成人服饰中也多有使用，而且延伸出很多百家布拼成的装饰品，如百家布拼成的床围、桌围、幔帐等，继而成为实用的生活用品。

图 3-42 中的肚兜在领口处做了两个扣环以便系绳，并做一个水滴形状的布料把扣

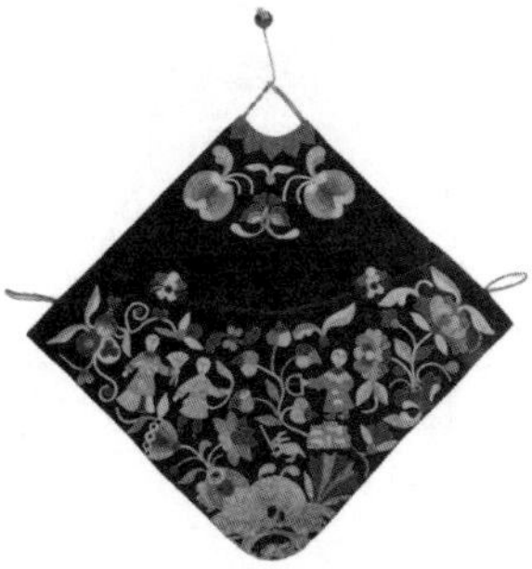

款式一

款式二

款式三

图 3-40　贴布绣肚兜

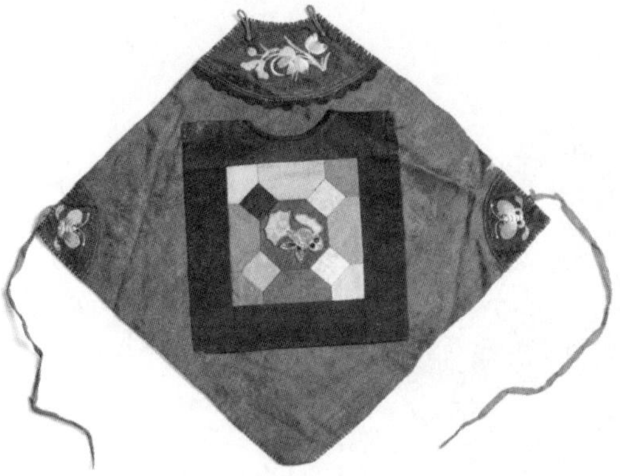

款式一

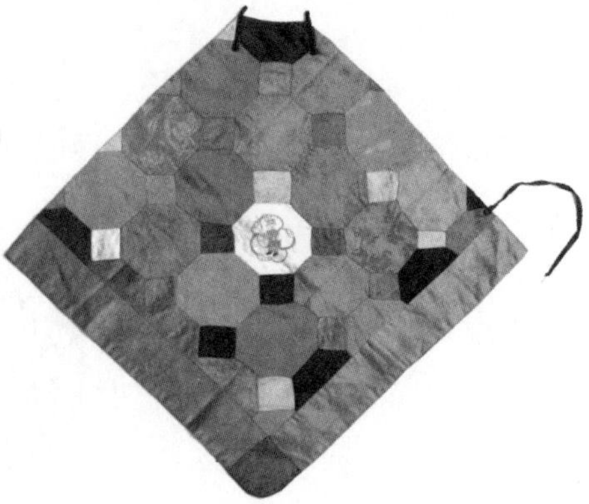

款式二

图 3-41　拼布肚兜

环的头部藏在里面。领口拼接的花瓣形布料上除了有净缝的线迹外，还有用三角针法和T字针法的手缝线迹，实用美观。为了方便盛放物品，制作者在肚兜的中间开了个口袋，口袋两端用面料加固，每一个细节都处理得十分到位。这种开袋后在袋口两端进行加固兼装饰的设计手法可以在多款肚兜中见到，可见这种设计手法已广为流传，还有些肚兜中会将口袋形状设计成弧形，整个肚兜看起来像是孩子的笑脸。

图 3-43 中的肚兜采用的图案布局手法是角心式，四角均有绣工设计，中心处有一个图案装饰，通常来说，肚兜的图案装饰一般以上、下角装饰为主，这也和穿着时视线正面能看到的区域有关。同时，一般讲究左、右角图案对称，而这款肚兜左、右角各平绣有简单花朵纹样，上角平绣有鱼和花卉的图案，下角平绣有“喜相逢”纹样与贴布搭配。由此可见，今天的我们不得不折服于先人的智慧，他们总是能根据使用部位、形状以及现有素材等将图案设计得恰到好处。这些作品都带着某种相似的特质，却又各不相同，各有千秋。

肚兜形状以菱形为主，但也有很多其他形状。图 3-44 是一件葫芦形花卉刺绣肚兜，葫芦的藤蔓绵绵，结果累累，籽粒较多，同时“葫芦”音近“福禄”，又是民间传

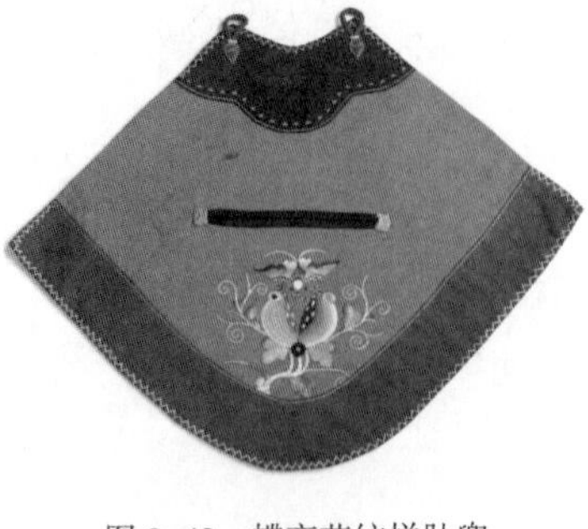

图 3-42　蝶恋花纹样肚兜

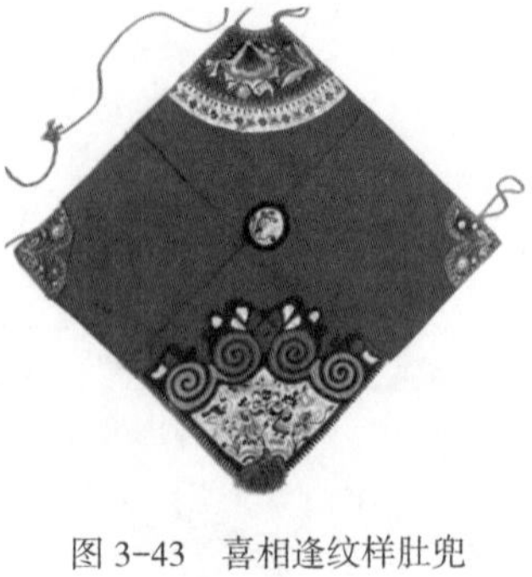

图 3-43　喜相逢纹样肚兜

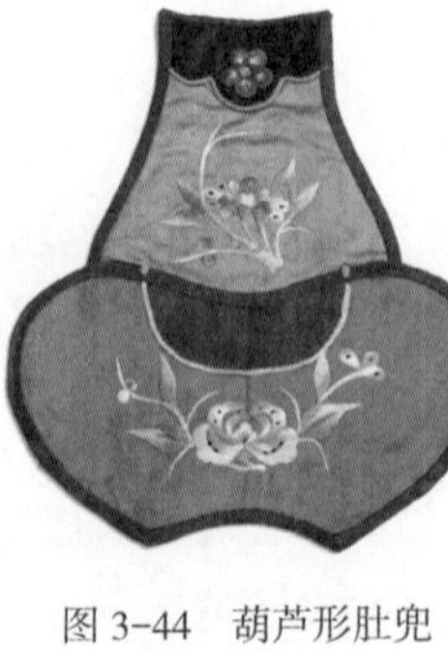

图 3-44　葫芦形肚兜

说中的八仙法器之一，因此葫芦一直是我国传统的吉祥纹样。在近现代中原遗留的童装实物中，葫芦形肚兜也占较大比重。这款葫芦形肚兜除了绣线颜色，底布和包边的颜色就多达五种，葫芦口处拼接有黑色面料并平绣有梅花纹，拼接处用橘黄色包梗绣线迹覆盖，葫芦的上半部分和下半部分均装饰有花卉纹样，镶边宽窄均匀。

第五节　坎肩

坎肩也被称为“马甲”，是我国传统的童装品类，在清末留存下来的服饰实物中，有不少是儿童坎肩。清代的坎肩有厚薄之分，有各种样式。民间坎肩继承了我国传统服饰宽衣大袖的风格，变化不大，均袖窿肥大、衣身宽松，多穿在袍衫的外面。坎肩以其突出的实用优点，成为近代成人和儿童常穿的具有代表性的服饰之一。坎肩的款式相对稳定，以面料特征、门襟的形式和色彩、装饰镶边、纹样图案等为设计要素，可细分为一字襟坎肩、对襟坎肩、琵琶襟坎肩、大襟坎肩、肩部开襟坎肩等样式。坎肩的设计或奢华繁缛，或简洁大方，或精细复杂，或淳朴粗犷，但整体都反映出当时的社会状态、经济水平和民俗习惯。大部分儿童坎肩做工精细、色调明快，坎肩上的装饰纹样也蕴藏着丰富的内涵，各种吉祥寓意呈现其中，体现了人们对儿童的呵护与期望。在现代，坎肩也依然存在于人们的生活中，只是相比于传统坎肩形式趋于简单，镶边、刺绣等装饰工艺都使用较少。

坎肩作为服装的主要形制之一，四季皆可穿着，并且经久不衰。坎肩的外观形态变化不大，基本遵循“无袖上衣”的形制。无论男女、无论老幼，均可穿着坎肩，具有保暖实用、方便穿脱的特点，并且相对其他服饰而言用料较节省，是其经久不衰的原因所在。坎肩主要通过以织造的提花面料图案以及刺绣、贴布绣等工艺手法展现图案，坎肩的纹样题材概括起来主要有动物纹、植物纹、抽象几何纹和组合纹样这四类题材，其中动物纹和植物纹多以组合形式出现，涉及多种花卉、蔬果、动物等，遵循“图必有意，意必吉祥”的祥瑞寓意原则。不同坎肩图案的装饰位置也各不相同，具有随意、自由的特点，大体可以分为居中式、对称式、呼应式和满地式，纹样装饰部位以领口、门襟、肩部、底摆为重点。

人们喜欢运用色彩艳丽、对比强烈的颜色来增加服饰的喜庆、祥和气息，最常用的是红黑配、红紫配、红绿配、蓝红配等配色方式，以黑、白二色为中间色进行视觉上的调和。纯色坎肩中黑色最多，相比于鲜亮的颜色，黑色深沉、耐脏，作为调和色和主色都别有韵味。我国古代尚黄、尚红、尚紫，人们认为这些是代表喜庆、吉祥的颜色，黄色为古代皇室的专用色，因此在民间很少使用，红色与紫色的使用则较多。

组合纹样与植物纹是最常用的民间坎肩的装饰图案。组合纹样指的是由几何纹、植物纹、动物纹等多种纹样搭配组成的图案，一般都是一些寓意吉祥的祥瑞图案，包含着人们对生活的美好期望与寄托。图 3-45 为一件狮子绣球花卉纹肩部开襟缀扣坎肩，坎肩无领，左右肩、侧缝处均缝缀一字扣，肩部开襟，衣身外缘以黑色宽边加织带进行装饰。可以看出实物的衣身部分已经严重氧化，纱线已经大面积脱散，但刺绣纹样依然精美，花卉纹样的绣线线迹平整，配色柔和，狮子纹样形象生动，绣工精细，头部和尾部的毛发根根分明。

图 3-45　狮子绣球花卉纹坎肩

图 3-46 为一件无领对襟坎肩，通常无领坎肩会在衣身处沿着领线镶一圈布条，或在领底处上嵌条，使领口紧贴人的脸部，既起到装饰美化的作用，又保护领口不易磨损。对襟左右对齐，无叠门，襟前做如意头装饰，无搭门。对襟相比其他门襟形式出现较早，因其穿着方便，男女都可以穿用。同时，这件坎肩的后背绣有“福寿三多”纹样。

琵琶襟又称曲襟，是一种缺襟样式，其形制类似大襟，右襟下部被裁剪缺一部分，曲折而下，转角处用纽扣连接。琵琶襟的衣襟线条上部与大襟相同，只是走势不向腋下而是与摆边成垂直并延伸，后又转成横线，在中心线上再成直线。整体来看，其穿上身后的襟面如半个琵琶怀抱于胸前，因此而得名“琵琶襟”。因其右襟缺失，又被称为“缺襟”。琵琶襟造型别致，一般用一字扣连接且不会喧宾夺主。由于纽扣多作横向排列，只在襟线右上方拐角处作直向排列，可以使多纽扣服装在统一中有一定的变化，同时又便于穿脱。图 3-47 中的坎肩面料以绛红色为底色，里料为灰蓝色，琵琶襟处镶有黑缎和织带双层饰边。传统镶边以斜丝绸缎装饰并进行裁剪缝制，到民国初期有大量西式花边出现，镶边装饰变为织绣涤边装饰。前、后身的正中处采用“三蓝绣”技法绣有蝶恋花纹样，“三蓝绣”即用深浅不同的蓝色绣线进行刺绣，绣出的花卉纹样清新脱俗，有典雅清丽之风。

正面 背面

图 3-46 无领对襟坎肩

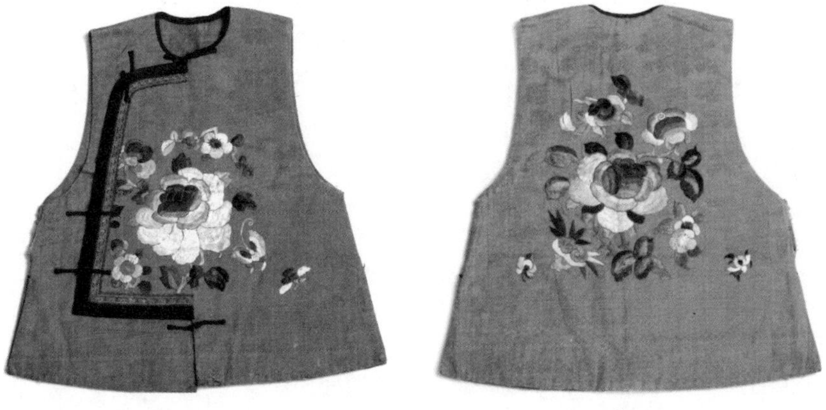

正面 背面

图 3-47 琵琶襟坎肩

在过去，人们的日常生活以手工生产制作为主要生产方式，每一块布料都来之不易，凝结着许多人的劳动，古人深谙此意，因此竭尽所能将每块布料物尽其用。即使是在富裕人家，丝绸也非常珍贵，裁剪成人服装时剩下的边角料可以用来为孩子制作衣物。我国幅员辽阔，五十六个民族有着各不相同的风土人情，在五千年的文化积淀过程中，逐渐形成了不同的地方民俗，其中也包括中原地区。图 3-48 中的坎肩前身为红色

正面　　　　　　背面

图 3-48　红紫拼接坎肩

提花缎，下摆拼接有蓝色面料，后身紫色绸缎上绣有蝶恋花纹样，坎肩的里布面料也与外用面料不同，这可能是因为“古人非好为之，不得已也”。现留存下来的坎肩实物基本以丝绸材质为主，这是因为大部分人认为粗布制作和没有绣工的服装没有收藏价值，因此我们看到的实物大多材质华丽、绣工精美。事实上，很多普通人家的衣服面料以便宜耐用的布料为主，相比于有华丽面料和精致绣工的童装，这些由家中女性长辈用尽心思拼贴而成的别致童装，更接近当时中原地区人们的真实生活。这种衣身拼接、前后面料不同的儿童服装有较多的留存实物，虽布料拮据，但女性长辈们用自己的巧手加以设计，根据不同布料的色彩和材质设计出不同的款式，并不吝时间和精力做了很多刺绣装饰，充分反映了劳动女性的勤劳、朴实。

图 3-49 中的坎肩做工工整，前身以布料贴布剪裁的方式做出如意造型，拼接处配色和谐，并以织边装饰，前袖窿、肩线与领口处用蓝色绣线包缝与后身蓝色呼应，后身用蓝色竖条棉布制作。

图 3-50 的坎肩以深蓝色棉布做前身，红色缎面为后身，里布为浅蓝色，后身绣有花鸟纹样并绣有文字“取之不尽，用之不竭”，可见制作者的“不得已而为之”的无奈，也表达出祈求物资丰富、生活美满的愿望。

图 3-51 中的坎肩已经比较破旧，前身为祥云纹丝绸提花面料，后身为红色绸缎并采用平针绣绣有四组精美花卉纹样，里布是蓝色粗棉布。这种将丝绸用于外，粗布用于里的做法体现了“秀丽于外”的传统思想。

儿童坎肩的领型主要分为无领和立领，无领又分为圆领和特殊领型，有领多为立领。图 3-52 为一件玄色对襟蝴蝶纹坎肩，中高领，前身缀三个一字扣，造型端庄大

正面　　　　背面

图 3-49　黑蓝拼接坎肩

正面　　　　背面

图 3-50　蓝红拼接棉坎肩

正面　　　　背面

图 3-51　蓝红拼接花卉纹坎肩

气，整体给人简洁精致的感觉，与成人坎肩无明显差异。后身绣有蝴蝶花卉纹样，纹样构图别出心裁，似一只蝴蝶盘旋于花丛之中。

近代中原童装的很多形制在现代被沿用。中原地区冬季干冷，因此有很多夹棉坎肩的款式，在风格上表现出粗犷、简朴、大方的特点，南方地区的坎肩风格则相对纤细、细腻、婉约，但整体都遵循着相似的设计法则。中原儿童坎肩的整体风格呈现出质朴、粗犷、豪迈的风情，多用鲜艳或耐脏的颜色，其中紫色、黑色、红色颇为常见。传统吉祥纹样的使用法则在坎肩中同样适用，图 3-53 中的坎肩后身绣有“虎镇五毒”纹样，手法细腻，图案惟妙惟肖。图 3-54 中的坎肩后身绣有“莲生贵子”纹样，线迹平整光洁、均匀整齐，铺满图案而不露地，并且色彩鲜艳。

清代宫廷服饰中的刺绣丝线亮丽，手法细腻，民间服饰中的刺绣虽不比宫廷服饰华美，但有着自身的朴实与美丽，当然其中也不乏有些手工精致的上乘之作。图 3-55 中

正面　　背面

图 3-52　玄色对襟蝴蝶纹坎肩

正面　　背面

图 3-53　“虎镇五毒”纹棉坎肩

的坎肩制作精美，领口和下摆处均饰织边，下摆织带宽窄错落，并在下方拼接了刺绣有花卉纹样的面料，领口处的拼接和装饰织带与下摆呼应，并可以较好地修饰脸型。前身用绒线绣有狮子纹样，狮子五官采用贴布绣、盘金绣、立体绣等工艺手法做出立体效果，狮子身上薄荷绿色与橘红色错落有致，配色别有新意，用色大胆，工艺精致。这件坎肩整体色彩丰富多样，工艺精美，具有较高的民间代表性及审美趣味性。

在近现代中原童装中，有一些品类之间有着渊源，如坎肩、肚兜、围涎、背褡等。例如，图 3-56 为一件坎肩式肚兜，单独一件衣片为肚兜，两件衣片在肩部和侧缝处扣合时为坎肩。在清末民初时期，由于外来生产加工技术的引进，已经出现了蕾丝。这件肚兜前身面料分割处装饰有蕾丝花边，领口下方绣有花卉纹样，中间采用贴布绣工艺并手绘有“财源广进”字样。传统纹样题材中寓意求财的吉祥语纹样还有“日进斗金”“八方来财”等。

正面

背面

图 3-54 “莲生贵子”纹棉坎肩

正面整体

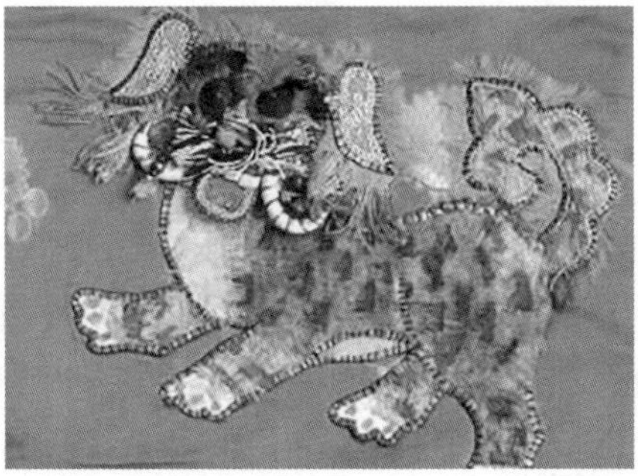

正面局部

图 3-55 狮纹坎肩

图 3-56 坎肩式肚兜

第六节 裤装

儿童裤装一般包括短裤、长裤、开裆裤、合裆裤、背带裤等，也有很多女童下装穿裙装，半身裙多为女童穿用，其中以开裆裤和背带裤最具特色。开裆裤自古有之，古时汉民族因多着袍服，所以对袍内所着裤装的要求较为随意，同时中原服饰有“上重下轻”的特点，即设计、绣工等工艺设计多集中在上装，对遮盖起来的部分所花时间和精力相对较少。相对而言，游牧民族和在北方寒冷地区生活的民族则对裤装的完整度要求较高。中原童装在各民族文化的不断交流与融合中，经过历史的洗练，开裆裤和背带裤两种裤装款式成为经典的童装样式。

一、开裆裤

开裆裤又称“活裆裤”“无裆裤”，是我国童装中一种独特的品类，全国很多地区的儿童都穿用。开裆裤的结构较为简单，穿脱方便。在洗晒不便、换洗衣服有限的年代，幼儿还未掌握基本的生活自理能力的时候，穿着开裆裤，可以方便幼儿如厕，同时也给家长带来很大便利，不用为孩子频繁地更换衣物。在现代，依然有一些地区的老人给孩子穿着开裆裤，这种开裆裤的裆部裁剪方式与传统样式相同，开裆处均呈曲线裁剪，穿着舒适。尽管开裆裤有诸多便利之处，但从现代医学的角度来说，并不利于儿童的身体健康。随着社会的发展以及人们卫生观念的改变，加上各类卫生用品带来的便利，传统的开裆裤正逐渐消失在现代社会中。图 3-57 为一条绣花开裆裤，以玫红色为底色，腰部抽绳，左右裤腿分别绣有蝶恋花纹样，裤口处缝花边装饰。虽然现在也有一些近代儿童裤装的留存实物，但其在数量和精细程度上，与肚兜、围涎、袄、褂、帽饰等相比有着较大差距。

中原有些地区也流行穿着无腰、无裆的“胫衣”，汉代著作《说文》中对“胫衣”的定义为：“绔，胫衣也。”这种无腰、无裆的裤装形式实际上不能被称为裤子，而被称为裤套，其左、右两边不相连，裆部自然也互不相连，穿着时臀部露在外面。胫衣不单独穿着，穿着时需要套在其他有裆裤的外面，并用绳带将其系在外衣的腰带上，如图 3-58 为一件山西地区的刺绣胫衣。这种刺绣胫衣多为红色底，也有蓝色、粉色、紫色等底色，均绣有鲜艳的花卉纹样，绣工多为平针绣，用料少，装饰性强，深受当地人喜爱。通常来说，绣有花纹且色彩艳丽的胫衣多为女大童或部分年轻女性穿用，而男童或中老年人穿用的款式一般为黑色底，没有绣工。

图 3-57 绣花开裆裤

图 3-58 刺绣胫衣

二、背带裤

背带裤不用在腰部进行束缚，因此对于臀腰差较小的儿童来说，穿着比较舒适，同时背带裤特殊的钩肩结构，使它在穿着后更加贴身、稳固，且裤腿不易滑落下来。一些还没有学会走路的婴幼儿在冬季会穿着连脚背带裤，连脚背带裤的夹层填充有厚厚的棉花，温暖舒适。连脚背带裤没有腰带的设计让孩子穿着十分舒适，腰部向上拼接布料用来保护前胸、后背不受凉，因上身要穿棉衣，连脚背带裤腰部以上不填棉花或少填，腰部以下裤子、鞋子连接一体，密不透风，冬天非常暖和。连脚背带裤通常与特制的敞口鞋搭配，这种鞋子专门在穿连脚裤时穿用，鞋口宽大，与普通鞋子区别较大。也有些连脚背带裤会在足部做出靴子的形状，即背带裤与童靴连在一起，将裤子下部腿口处与用棉布缝纳的软鞋底缝在一起，或把腿口处做成童靴的造型。

第七节 鞋子

民国时期的童鞋与清代的童鞋相比，款式更多，也更为精美。各种兽头鞋做工精良，图案丰富，目前留有许多清末民初时期童鞋的实物。传统的童鞋主要有鞋和靴两种，多为布制或皮制。近现代中原童鞋主要是布制，鞋底以多层棉布手工纳缝而成，鞋面绣有精美的图案，或将鞋头制成生动有趣的动物造型，做工十分精细，主要有虎头鞋、猪头鞋、鸡头鞋、绣花鞋等。

一、虎头鞋

虎元素在我国传统文化中占据着十分重要的地位，虎文化的影响遍及人们生活的方方面面，传统童装动物纹样中虎元素的应用堪称第一。虎头鞋有着源远流长的历史，因其鞋头为虎头模样，故称“虎头鞋”。它既有实用价值，也有观赏价值，同时它又是一种吉祥物，人们认为虎是“百兽之王”，赋予它驱灾辟邪的寓意，给孩子穿上虎头鞋是瑞兽文化的代表。

虎头鞋在全国各地均有出现，在中原地区、西北地区最为盛行。中原地区儿童虎头鞋大多为搭配连脚棉裤穿着的鞋子，鞋口宽大，这样才能把儿童套有棉裤的小脚穿进去。中原民间的虎头鞋式样繁多、花色不一，地域特色比较明显，但颜色上整体以鲜艳、靓丽的色彩为基调，造型上大多粗犷、夸张，老虎的脸大、眼大、嘴巴大和饰物较多为其显著特点，做工比较复杂，装饰物相对繁琐。除虎头的基本特征外，制作时往往彩线、花边、布料、毛线、皮毛、金属片、珠子、扣子、彩带等材料也反复使用，加上粗大的针脚，使其粗犷、厚重之气更加强烈。

虎头鞋与虎头帽都是对虎的面部五官进行重点刻画，为了穿着方便和增加耐磨耐用性，老虎的五官多为平面刺绣装饰，二者之间也有较大区别。虎头鞋因其实用需求，装饰以平面为主，对其五官的造型手法进行收集、归纳后，得出如下结论。

（一）老虎眼部造型

虎头鞋的眼部造型手法分为平面写实风格和艺术装饰风格两大类。平面写实风格眼部造型更追求真实，无过多夸张、多余的修饰，只需用贴布缝制出老虎的眼眶和眼珠轮廓，再用素描排线的方式在眼眶整圈或局部一侧绣出睫毛。艺术装饰风格则是在老虎的眼部两侧绣有梅花、莲花等花卉纹样进行装饰，或将眼睛设计成花卉的形态。

（二）老虎鼻子造型

老虎的鼻子大多呈三角形和爱心形，也有一些运用创意设计成花卉或其他形状，鼻子的轮廓线条饱满，显出一丝俏皮的童趣，鼻子内部用涤棉线以十字交叉的方式缝制，以增加鼻子的美观和饱满度。鼻子造型的高宽比例比较影响虎头的表现力，如窄长的鼻子会增加老虎的锐气和威严，反之则会显得可爱俏皮。

（三）老虎嘴部造型

老虎的嘴部造型通常包含虎须在内一同构成。老虎的嘴部由数股棉线拧成一簇并缝制于虎鼻下方，缝制时用棉线绕圈或钉线绣的方式在这数股棉线的中间位置缝制出虎的嘴部形态，一般呈圆柱形或“口”字形，左右两端自然散开的棉线则作为虎须。

（四）老虎耳部造型

虎头耳朵部分的制作过程也较为程式化，一般是由棉布或具有光泽感的缎面布料捏褶缝制而成，形态小巧可爱，或者在眼睛两侧的鞋头上，将面料延伸出半圆形的对称造型，耳朵便附带在面部的面料上。

经过实例分析与调研发现，受到地理、人文等各种因素的影响，中原地区的虎头鞋在不同区域存在着些许差异，但都表现出工艺手法和审美观念的共性特征。从造型方法上来看，虎的形态在写实的基础上进行了夸张和艺术化处理，神情憨态可掬，惹人喜爱；从色彩搭配上来看，色彩饱和度更高，视觉冲击感强烈；从工艺手法上来看，虎的五官除使用的材质多用棉线平绣而成外，还使用亮片、花边等材料作为装饰，通常还配有花卉纹样刺绣，风格浓郁鲜艳，有较强的装饰效果。从穿着季节来看，虎头鞋的设计涵盖了四季，有穿连脚棉裤时搭配的敞口鞋，有春夏穿着的单鞋，以及利落方便的虎头靴（图 3-59、图 3-60）。

图 3-60 中的虎头靴造型别致，靴筒较高且缀盘扣，靴筒上口收紧，既可以方便穿脱，又起到美化装饰的作用。靴筒红、蓝配色对比鲜明，虎头五官的造型方法借鉴了虎头帽的造型方法，立体突出，有较强的视觉冲击力。

二、猪头鞋

封建社会的医术并不发达，人们对很多疾病认知有限，面对很多天灾或疾病无能为力，因此借助吉言吉语文化和古老的图腾文化表达自己的愿望。“猪”音同“诸”，寓意“诸事顺利”。在猪头帽中，猪的眼睛造型一般较小，而从猪头鞋的实物样本来看，眼睛造型较之大十倍以上，且目光凌厉。女性长辈通过双手用特殊的装饰手法表达出她们的审美情趣以及心中对孩子的美好祝愿。

图 3-61 为一双儿童在冬季穿着的猪头靴，以黑色绒布为主要面料，用红色面料制作鞋底和猪鼻，再以粉红色面料装饰眼睛和耳朵，配色大胆，美观实用。

图 3-62 为一双猪头单鞋，整体用深蓝色条绒布料制作，猪耳、眼睛等部位均用白色绣线刺绣装饰，猪鼻则用对比鲜明的红色绣线，鞋底也根据猪鼻的弧度裁剪出对应的弧度。猪头鞋经过设计者的归纳、夸张和美化，没有了猪原有的憨厚之感，而有了独特的审美效果。

款式一

款式二

款式三

款式四

款式五

款式六

款式七

图 3-59　虎头鞋

图 3-60　虎头靴

图 3-61 猪头靴

图 3-62 猪头单鞋

三、鸡头鞋

鸡在我国传统文化中被认为是“阳鸟”“凤鸟”，具有祥瑞的内涵，其纹样应用也非常广泛。传统纹样中鸡的纹样造型多样、内涵丰富，具有“文智”“武勇”“守信”“有德”“仁爱”等寓意，民间文化中鸡还有“冠上加冠、大吉大利”的寓意，深受人们喜爱，在传统工艺美术和纺织品中应用广泛。在科学认知有限的古代，人们克服对未知的恐惧需要有一定的精神寄托，而古人认为鸡鸣有“唤起光明，驱走黑暗”的寓意，因此用鸡鸣象征良好的开端，唤醒万物迎来光明。这在我国很多民俗文化中有所体现。鸡作为禽类的代表，被认为可以辟邪，还可以吃掉各种毒虫，为人类除害。鸡的五德之美，在明清画家的笔下表现得淋漓尽致，以歌颂“文”德为主题的《加冠图》是最常见画题。宋、明、清画家李迪、吕纪、沈周、任伯年等，以及近现代画家齐白石、徐悲鸿、陈大羽等都有关于鸡主题的画作，以鸡为主题的画作是花鸟画的重要组成部分。

鸡头鞋通常会在鞋子前面做一个鸡头的造型，鸡的脖子立起，鸡冠耸立，再根据鞋子造型设计鸡身羽毛刺绣，羽毛的刺绣会延伸到鞋面上。图 3-63 展示了两种款式的鸡头鞋。款式一为扣襻鸡头单鞋的留存实物，鞋子并未穿用过，鞋襻也还没有安装完成，这种扣襻的单鞋在当时的中原非常流行，穿脱方便，前面的鞋头部分可以设计成不同的造型，有些做成小动物的造型，有些则刺绣有不同的纹样。在款式二的鸡头鞋中，鸡首高傲地抬起，鸡冠饱满，嘴部垂下的流苏珠极具动感，鞋身的羽毛刺绣丰富美观。

款式一

款式二

图 3-63　鸡头鞋

四、其他造型鞋

除常见的虎头鞋、猪头鞋、鸡头鞋等童鞋造型，生活中常见的可爱动物或寓意吉祥的动物造型都可以作为手艺人的制作灵感，如鱼形鞋、兔形鞋、蛙纹鞋、象形鞋等。这些丰富多样又做工精细的鞋子，色彩风格强烈，充满热情且极具乡土气息（图 3-64~图 3-67）。

除动物造型的鞋子外，也有很多绣有植物花卉纹样的鞋子，这些鞋子绣有的纹样以植物花卉和果实纹样为主，主要为女孩穿着，分为棉鞋和单鞋（图 3-68、图 3-69），刺绣的花纹大多色彩对比鲜明，绣工平整，色彩斑斓。棉鞋因夹层填有蓬松的棉花，刚穿上时会略紧，因此很多棉鞋后面会多缝制一块布帘，方便穿用时提鞋跟。

当然并非每一双童鞋都有精美的绣工，也有很多童鞋仅通过布料本身的色彩就体现出朴素的美感，但这类实用的基本款童鞋在传世藏品中却占比较小，收藏家所收藏的童鞋作品大多为民间制作精品，绣工精美丰富。

款式一

款式二

款式三

图 3-64 鱼形鞋

图 3-65 兔形鞋

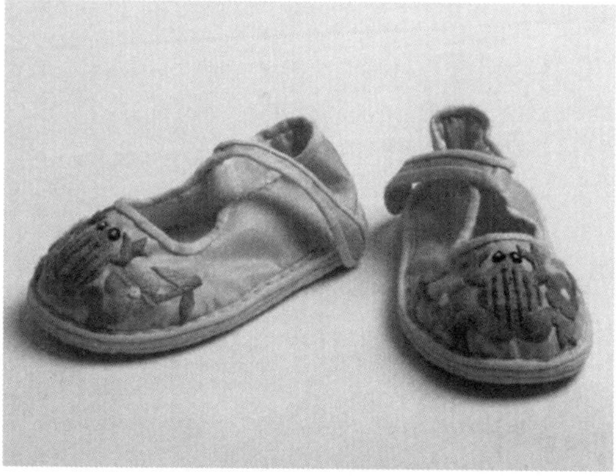

图 3-66 蛙纹鞋

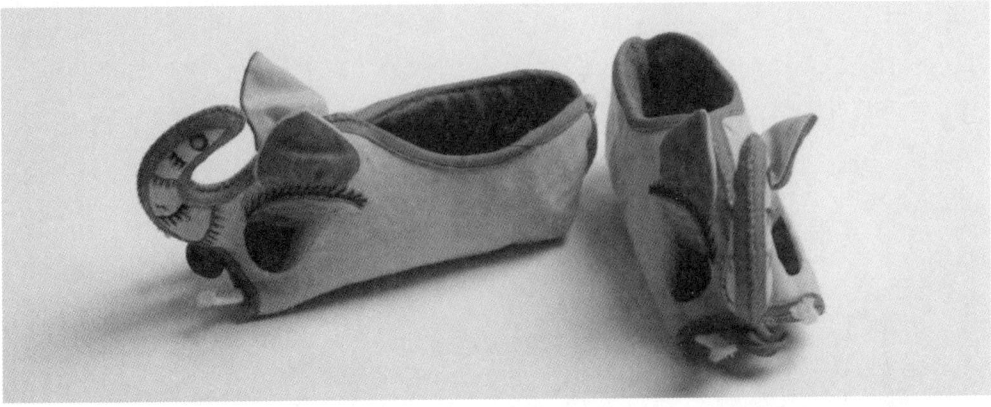

图 3-67　象形鞋

款式一

款式二

图 3-68　绣花棉鞋

图 3-69　单鞋

第八节　其他品类

一、襁褓

襁褓是用来包裹新生儿的服饰品，造型类似小被子，在新生儿出生前由家中女性缝制妥当。在古代，襁褓是指包裹婴儿用的布兜和系带，上至宫廷，下至民间，广泛使用。用襁褓包裹刚出生的婴儿是我国极为常见的育儿习俗，徐珂在其著作中也详细介绍了“襁”和“褓”：“襁褓始于三代，而今尚有之。襁，幅八寸，长一丈二尺，以负小儿于背，褓，小儿被也。”也就是说，“襁”是以有一丈多长布幅等的布料做成的布兜或宽带子，用以背负小孩；“褓”则是约两尺见方的被毯，用以裹覆小孩。在南北朝时期，我国古代一部按汉字形体分部编排的字书《玉篇》中写道："襁褓，负儿衣也。织缕为之，广八寸，长二尺，以负儿于背上也。"也就是说，古代的襁褓既可用于包裹婴儿的身体，宜于婴儿安睡，也可以在出门活动时用于背负婴儿。襁褓也成了不满一周岁婴儿的代称。

襁褓的一面为贴近婴儿的内侧，另一面则露在外面。通常内侧会选用舒适透气的棉布制作，另一面则会绣上精美的图案，常选择的图案题材有"麒麟送子"（图 3-70）"成龙成凤""一路连科"纹等。

图 3-70 "麒麟送子"纹襁褓

二、斗篷

传统童装中有一种披挂式穿着的外衣，被称为"斗篷"。儿童出门时披上，进屋后可以脱下，其形制为对襟无袖、左右不开叉。斗篷通常披挂在双肩，穿用时领口以绳子收紧，领口以下因无袖无扣而自然散开，形成上小下大的造型，类似于钟形。斗篷只在领处系带的方式使其方便穿脱。斗篷有单和棉之分，领型有高领、低领、无领和连帽型。图 3-71 为一件大红连帽棉斗篷，帽子处以白色绒毛装饰，这种用绒毛装饰的手法在童帽中也常有使用，斗篷衣身绣有"成龙成凤"纹样。

图 3-71　大红连帽棉斗篷

三、背褡

背褡泛指背心，在近现代中原童装中有一种披挂式的儿童坎肩，衣片剪裁呈矩形，仅肩部相连，两侧侧缝均不相连，这种款式也被称为背褡，本书中介绍的背褡即此种款式。其造型有点类似于长方形围涎，但前后面料延长，不像围涎方便在前、后转动。背褡的前面饰有精美的纹样，既能防止口水、饭渍弄脏了衣物，穿着方便，又可以护着儿童的前胸、后背。这种背褡和围涎、背心等有着一定的渊源，装饰形式也有很多相似之处。把服装拆卸成小部分以方便清洗，是手工时代先辈们智慧的体现。

背褡的前、后片结构只在领口处有不同，主布选用耐脏的深红色、黑色、蓝色等颜色的面料，一般在视线比较容易集中的部位做刺绣和缝织缎花边。这种简单实用的背褡不仅具有实用功能，还成为女性成就的象征，女性尽各自所能在背褡小小的“天地”里施展才能。同时，儿童背褡本身面积就小，又可以设计拼接、刺绣等装饰，布料虽小却制作精美，使每一块零碎布料都得到充分利用。图 3-72 中的背褡以黑色、紫红色、蓝色为主要配色，前片中心刺绣有花卉植物纹样，蓝色和紫色面料拼接处以缎边装饰，边缘用黑色面料包边。后片的用料与前片不同，但色彩与前片呼应。

正面

背面

图 3-72 蓝、黑花卉纹背褡

通过分析留存下来的近现代中原童装实物可以发现，黑色、蓝色、红色、紫色等是背褡中最常用的色彩，如图 3-73 所示中的背褡以黑色面料为底布，前、后衣片均用蓝色面料包边，前片中心绣有丰收纹，并以织绣花边装饰，后片则在中间拼接西瓜红色面料。背褡的大部分面料拼接处都会以织带花边沿边装饰。

正面

背面

图 3-73　丰收纹背褡

图 3-74 中的背褡前、后边缘均镶嵌多层织带花边，前中颈部采用贴布绣绣有如意纹，后中绣有“刘海戏金蟾”纹样，同时为穿着时不易移动，在两侧缝缀固定用的绳带。

正面

背面

图 3-74 “刘海戏金蟾”纹背褡

可以看出图 3-75 中的背褡面料已氧化磨损严重，但上面刺绣的人物纹样依旧个个跃然眼前，生动形象。图 3-76 中的背褡则使用半立体手法设计了虎头造型，老虎眼睛凸起，耳朵被裁剪成爱心形，胡须随风飘动。

图 3-75　人物纹背褡

图 3-76　立体虎头纹背褡

第四章

中原传统童装制作工艺

笔者通过到河南地区进行田野调查，拜访依然坚持制作传统童装的手工艺人，试图还原中原传统童装制作工艺。调查发现，传统童装制作者多为农村母辈，她们遵照上一辈留传下来的形制与花样缝制出风格多变的童装，但都遵循着“规矩”，所谓“规矩”也就是祖祖辈辈间代代心口相传的技艺。

虽然现在可以买到丰富多样的服饰材料，但本书旨在还原传统童装制作工艺，有一些工艺和材料现在有了更多更好的选择，制作者可根据需要斟酌选择。

第一节　衬布制作工艺

中原传统童装的制作除柔软的衣、裤外，制作鞋子、帽饰、围涎等服饰都需要很多不同的面料搭配，并需要一种处理过的硬挺衬布，这种衬布是制作中原儿童鞋子、帽饰、围涎等的必备材料，制作程序是：熬糨糊——抹平多层布料——晾干。根据衬布的用处不同，抹平的布料厚度也不同，纳鞋底时用的布料一般较厚，需要老粗布五层，制作鞋帮、帽饰、围涎等用两层即可。衬布的制作材料需要老粗布、玉米面、水和油。老粗布具有吸湿、透气的特点，厚度适中，且质地疏松适宜，后期制作过程中较好扎针、拔针。衬布的具体制作步骤如下。

首先是熬糨糊。取玉米面和水在锅中熬煮，注意玉米面必须非常细，不能有颗粒感（玉米面熬的糨糊制作出的面料松紧适宜，用小麦面粉熬煮糨糊制作的面料手感不如玉米面）。然后根据用量和浓稠度调整水和玉米面的比例，加入一小勺食用油，可以使缝制过程中扎针更加顺利，待水开后再熬煮 5 分钟，糨糊浓稠度以能均匀抹开又不易流动即可，熬好后冷却备用。

其次需要找一个干净、平整的台面，在台面四周抹上糨糊（防止干后起翘），将准备好的老粗布平整铺于台面上，四边都拉紧，不能有歪斜、不平整等问题。之后取适量糨糊用工具或徒手均匀涂抹于布面上，需要将整个布面涂抹到位，布丝要抹透。然后取一块老粗布放于上层，将布料四边拉紧不能起皱，用手轻压使两层布料黏合。若是制作鞋帮、围涎等，有以上步骤中两层的厚度即可；若是制作鞋底，需如此重复至五层厚度。最后一层布料铺好后，取适量糨糊均匀涂抹，再用手蘸取少量水将几层布料抹匀，刮去多余的糨糊（图 4-1）。将布料全部抹匀、抹平后放置于阳光下晾晒，三天左右即可干燥，干燥后的衬布有了类似厚纸张的质感，不能折叠，存放在干燥避光的地方，留存备用。

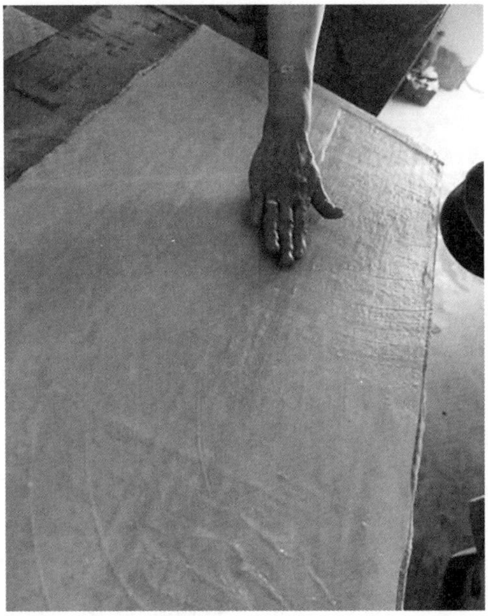

图 4-1 制作衬布

第二节 绣花鞋制作工艺

中原传统童鞋多为布制，鞋底为纳制的布质厚底，俗称“千层底”，也有些不会行走的婴幼儿所穿鞋子为用鞋底和鞋帮相连的软质底。鞋帮上绣制花卉、动物等吉祥纹样，这种绣花鞋平整、透气，穿着舒适，流传多年，至今仍有儿童穿用。下面所讲述制作的绣花鞋，因由三部分组成，在河南民间也被称为“三瓣鞋”。

一、制作材料和工具

制作传统绣花鞋需要准备鞋样、薄衬布、厚衬布、面布、里布、包边布料、绣花线、糨糊等制作材料，还需要剪刀、针锥、手缝针、顶针等制作工具。

制作鞋子的衬布分为两种：一种是制作鞋底用的厚衬布，一般用四层布料制作而成；另一种是制作鞋帮的薄衬布，用两层棉布制作而成。鞋子的面料、里料、沿边等布料的材质和色彩需相互匹配，绣花线也是制作鞋子不可或缺的材料，根据设计的图案准备对应颜色的绣线，主要起到装饰作用。糨糊则是用来在制作过程中将衬布和面料固定，方便制作。在制作鞋底时，缝线需要穿透的布料较厚，因此需要针锥辅助制作。

鞋样、帽样、花形是心灵手巧的民间手艺人根据多次的制作经验修改调整后的样板，亲戚、邻居之间可以互相借用分享，手艺人会在传统集市上出售自己裁剪的鞋样、帽样、花形，这些样板大部分用旧报纸拓下板型裁剪保存后，可以反复使用。

二、制作步骤

（一）裁剪面布、衬布

绣花鞋由两个后鞋帮和一个鞋头组成，根据鞋样裁剪衬布即可，不用留出缝份，面布在衬布大小的基础上加放 1 厘米左右，因后面制作还要修剪，面布的裁剪可以不用太精细（图 4-2）。

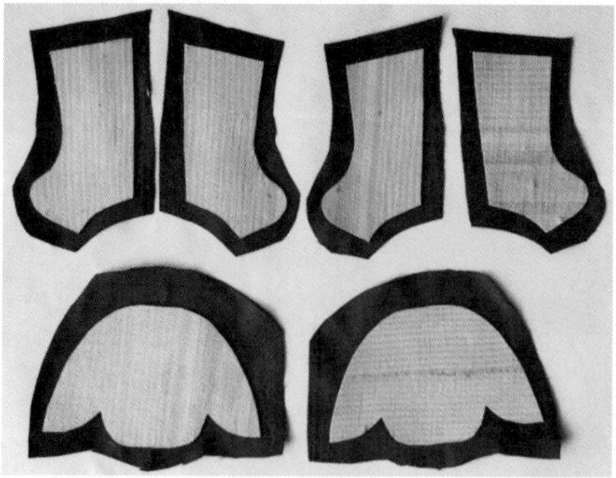

图 4-2　裁剪面布和衬布

（二）黏合衬布和面料

用刮刀将糨糊均匀涂抹在衬布边缘，将衬布和面布黏合（图 4-3），注意布面平整，松紧适宜，黏好后放于干燥平整处晾一天左右，等糨糊干透后沿边缘缝一条明线，明线距离衬布边缘 0.1 厘米（图 4-4）。

图 4-3 黏合衬布和面料

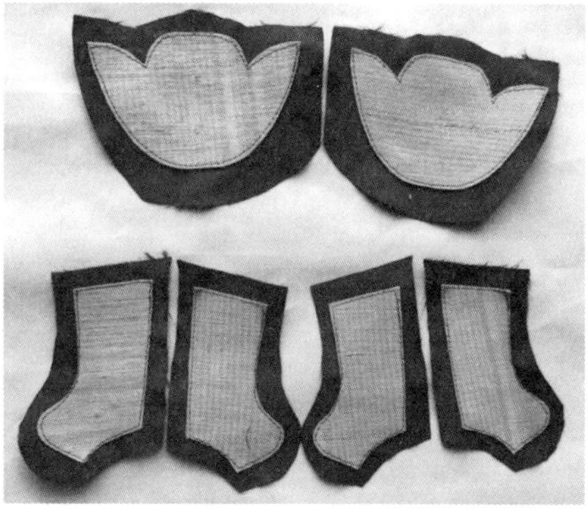

图 4-4 缝线固定

（三）粘花、绣花

将花形的一边抹上糨糊，粘在要绣花的部位，左、右两片对称（图 4-5）。在此基础上，选择合适的针法绣出纹样，一般以平针绣针法居多，将白色花样固定在绣线下面，这种独特的定位绣花方式也是中原传统童装的一大工艺特色（图 4-6）。

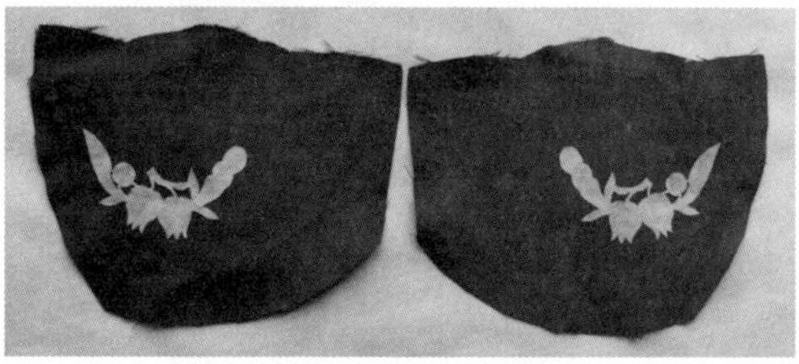

图 4-5 粘花

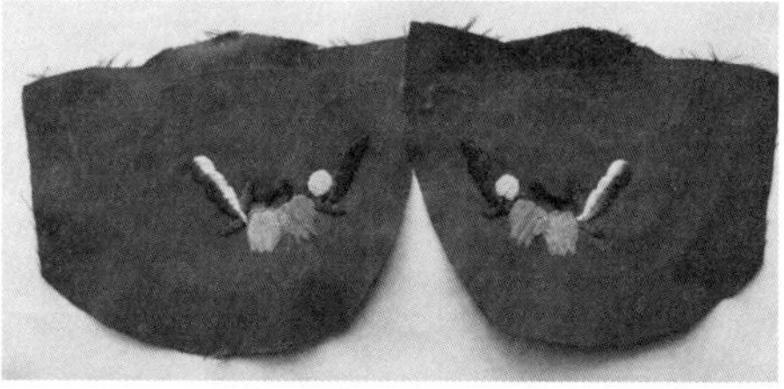

图 4-6 绣花

（四）修剪面料

将鞋子面料沿衬布边缘修剪整齐，在后鞋帮、鞋头处需要叠合的弧度位置留 1 厘米缝份，待其他位置修剪好后，将留 1 厘米缝份位置的缝份向背面折进去，在距离边缘 0.2 厘米处手缝固定缝份（图 4-7）。

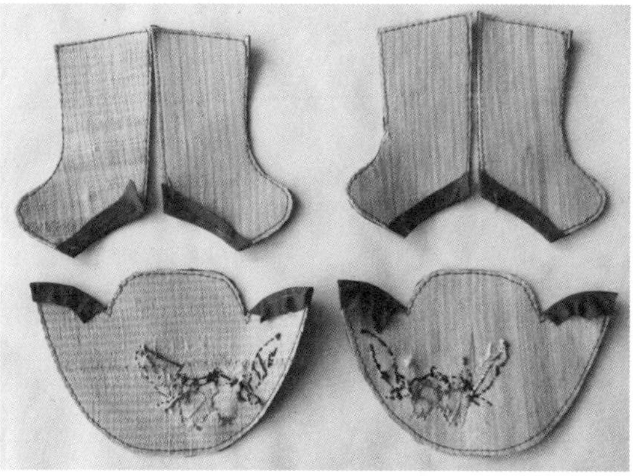

图 4-7 修剪面料

（五）鞋头、后鞋帮包边

裁剪宽 2 厘米的斜丝布料做包边布，包边布不宜太厚，以薄棉布或缎面布料为最佳。包边布与鞋头位置面料正对正放置，距离边缘 0.3 厘米处手缝，用平针针法，针距 0.3 厘米，针脚要均匀，包边布需要稍微拉紧（图 4-8）。将包边布翻转到背面包遮住毛边进行手缝，并用暗针缝针法固定住包边布，手缝时要捻紧包边布，不能松，防止布料起泡（图 4-9、图 4-10）。

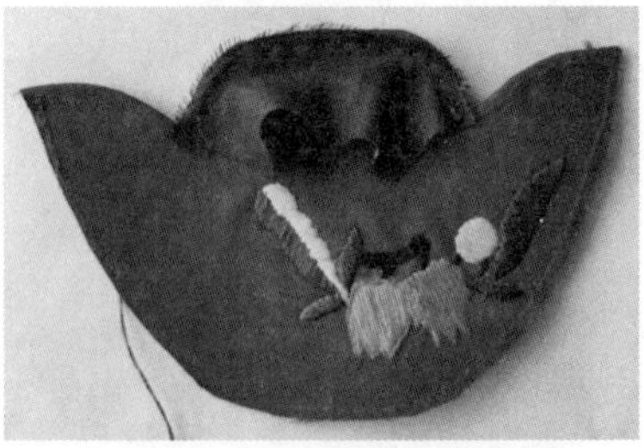
图 4-8　固定包边布

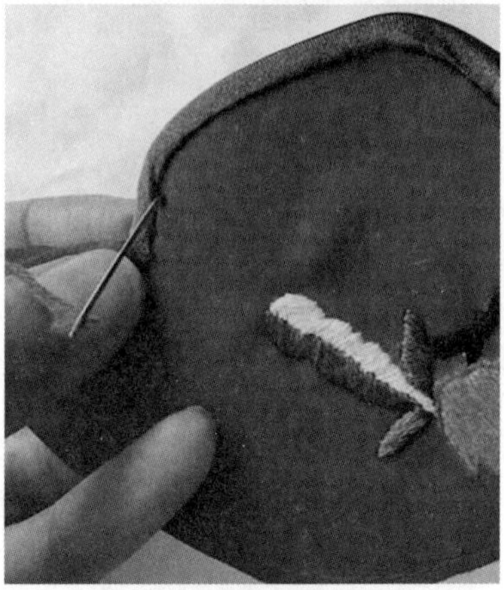
图 4-9　翻转包边布并固定

将后鞋帮的后中线缝合 0.5 厘米（样板留缝份量），再将缝份分缝，因衬布厚且硬，可以将其放在台面上用锤子反复敲打，缝份就能分开且变柔软（图 4-11）。之后用和鞋头同样的包边方法给鞋帮上口包边。

（六）裁剪、缝合里布

根据面布大小，向外加放 0.5 厘米裁剪里布，用大针脚将面布、衬布和里布固定（图 4-12）。在鞋头和后鞋帮净边的位置，将里布向内折转 0.6 厘米缝份，里布要向里进 0.1 厘米，从正面看不能露出里布，用暗撬针针法保持 0.3 厘米针脚将里布和面布边缘缝合固定（图 4-13）。

图 4-10　包边完成图

（七）缝合后鞋帮和鞋头，鞋帮整体包边

将后鞋帮和鞋头的面料弧度吻合部分先对合，再交叠 1 厘米，后鞋帮在上，鞋头在下，用倒勾针的方法在距离边缘止口 0.1 厘米处手缝固定，可以与原来的 0.1 厘米缝线重叠，使正面线迹均匀细密，这样鞋帮就成为完整的一体。

下口是鞋帮和鞋底缝合的部分，包边方法和之前的相同，裁剪一条宽 2.5 厘米的斜丝白棉布，棉布与鞋帮正对正缝合 0.4 厘米缝份，包边布的接头放在脚心处，在鞋头前端位置将包边布拉紧手缝，使前端形成向下的立体窝势，满足脚部容量要求（图 4-14）。将包边布向反面翻转，用正

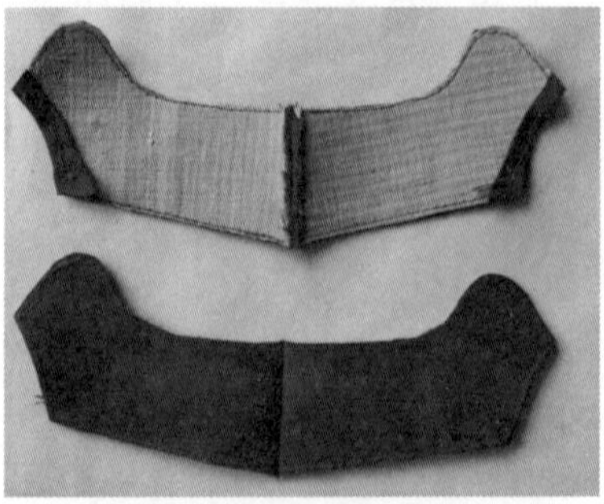
图 4-11　缝合后中线

面短、反面长的针迹将包边布捻紧固定（图 4-15）。

在后鞋帮的后中处和鞋帮下口处，距离后中线和包边布 0.6 厘米的位置缝一道明线（图 4-16）。

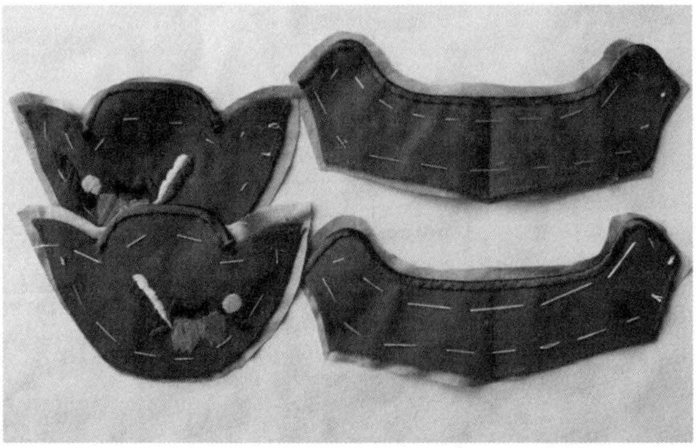

图 4-12　裁剪里布

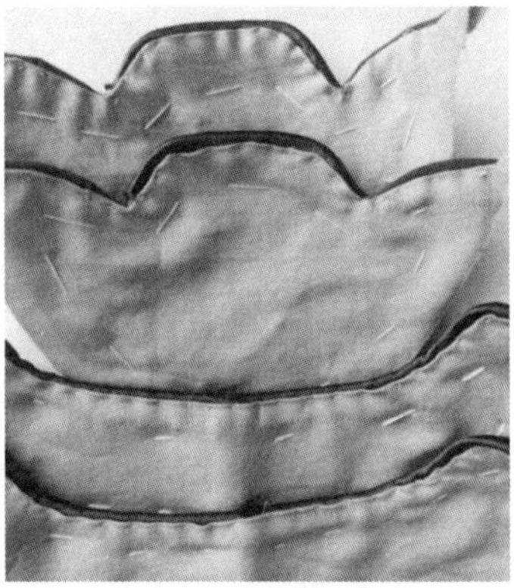

图 4-13　固定里布和面布

图 4-14　缝合鞋帮和包边布

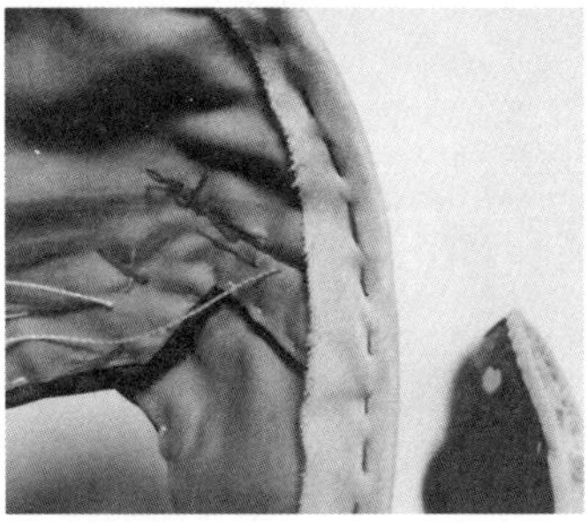

图 4-15　固定鞋帮和包边布

图 4-16　缝明线

（八）制作鞋底

鞋底用四层棉布抹制的厚衬布制作，分为做上层鞋底、做下层鞋底和纳鞋底三个步骤。

1. 做上层鞋底

按照鞋底样板裁剪好一层衬布，再将裁剪好的衬布与另外一层衬布用双线手缝固定，另一层衬布的面积可稍大一点，在距离鞋底外边缘 1.5 厘米处缝一圈，缝线要牢固，两层不能移动，按照第一层衬布的形状裁剪第二层衬布的形状，并用同样的方法重复做出第三层衬布，这样裁剪出来的鞋底才能边缘完全一致（图 4-17）。

图 4-17　固定衬布

三层衬布都缝牢固后，裁剪一条宽 3 厘米的斜丝白棉布，在棉布上涂抹糨糊，包粘在三层衬布的边缘，然后将包粘的布料抹平，这样鞋底的上层部分就做好了，放在一边待用（图 4-18、图 4-19）。

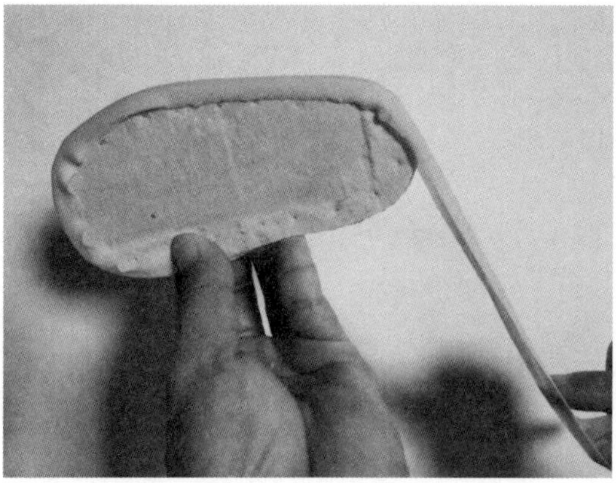

图 4-18　包粘鞋底衬（一）

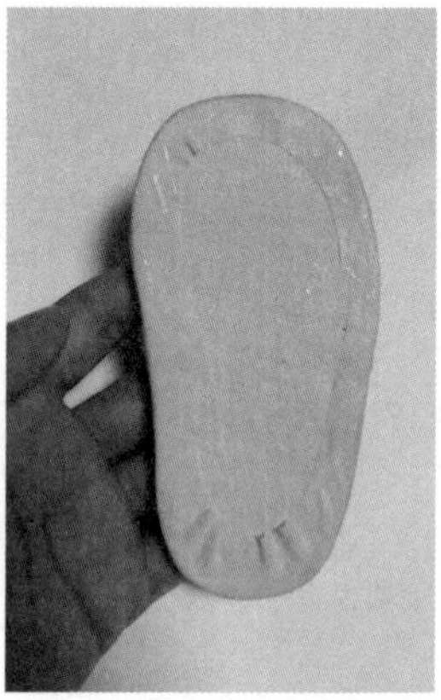

图 4-19　包粘鞋底衬（二）

2. 做下层鞋底

按照鞋底样板裁剪好一层衬布，再裁剪一层比该衬布宽 1.5 厘米的白色棉布置于下方，在 1.5 厘米缝份上均匀涂抹糨糊，让缝份均匀贴合（图 4-20、图 4-21）。

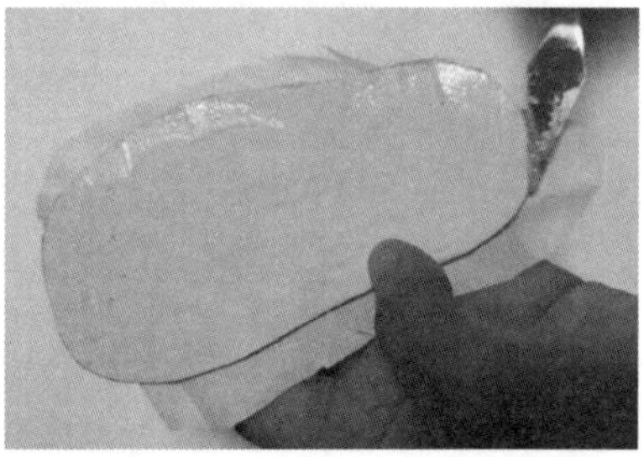

图 4-20　鞋底下层涂抹糨糊

图 4-21　包粘鞋底下层

3. 纳鞋底

将鞋底的上层和下层边缘对齐放在一起，在两者接触的一面上均涂抹糨糊，将上层和下层黏合成整体，晾干备用（图 4-22）。

晾干后就可以纳鞋底了，纳鞋底时用线较普通缝纫线粗，可选用特制的专用绳，也可以用几条缝纫线捻合成一条粗线。在距离边缘 0.4 厘米处保持针距 0.5 厘米沿边缘纳缝一周后，再纳缝中间部分，纳好的鞋底上面呈横向线迹，下面呈竖向线迹，布局疏密合理，针脚均匀美观，缝制时要将缝线拉紧。由于鞋底较厚，普通缝针难以穿透衬布，可以用针锥先扎过去留下针孔，再用缝针穿过针孔（图 4-23、图 4-24）。

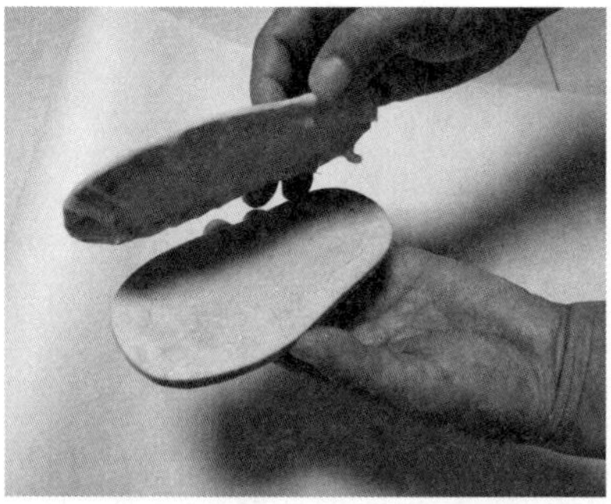

图 4-22 鞋底上、下层黏合

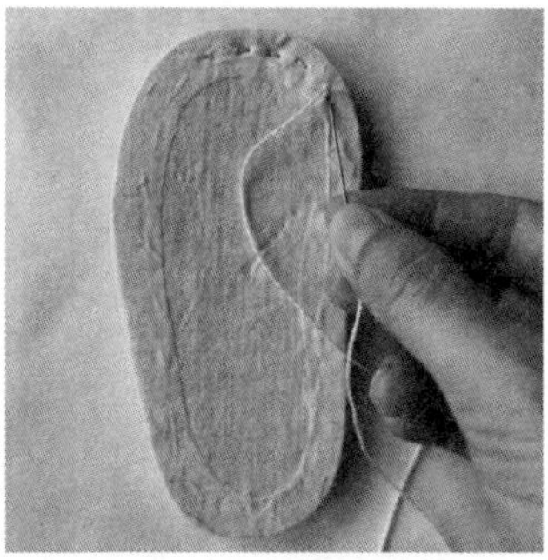

图 4-23 纳缝鞋底

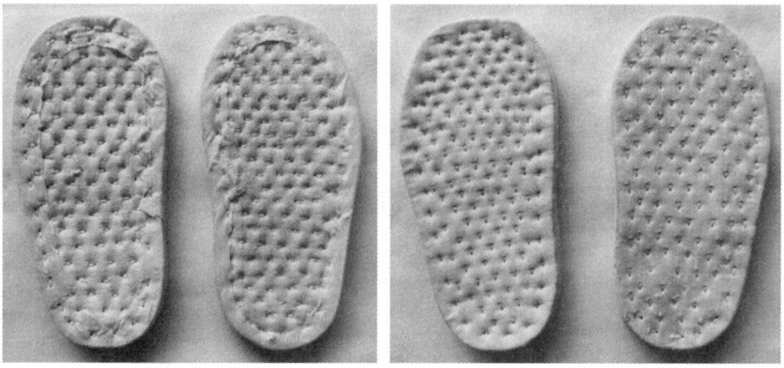

上面 下面

图 4-24 鞋底纳缝完成效果

（九）缝合鞋帮和鞋底

将鞋帮和鞋底的前中线和后中线对齐，用倒勾针针法将鞋帮和鞋底缝合，缝线在鞋帮包边的里侧，针距为 0.4~0.5 厘米（图 4-25），再缝缀上绳带，绣花鞋的制作就完成了。绳带既可以是缝缀的布条，也可以是特制的鞋带，只要穿用方便、协调美观即可，不拘一格。

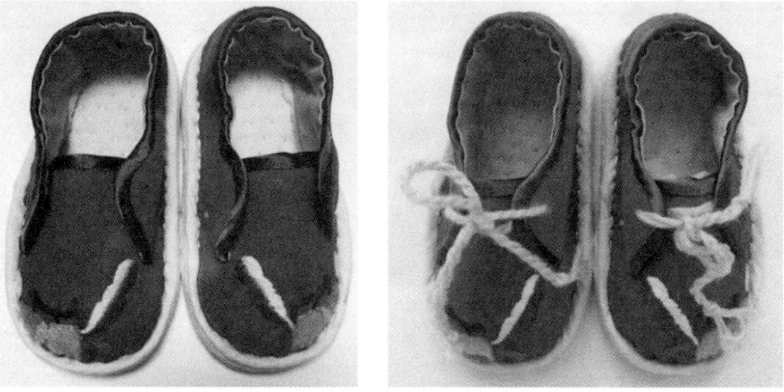

图 4-25 绣花鞋完成图

第三节 虎头帽制作工艺

虎头帽一般为男孩穿用，与儿童皮肤接触的帽里一般采用柔软的棉质布料制作，而帽面就用绸缎做成。常见的虎头帽在虎头造型上缝有绣花、布贴、绒线等装饰，老虎有着圆实的脑袋、黑黝的眼睛、简洁的眉毛配上额前的“王”字，栩栩如生，用毛线做的胡须微微拂动，生动鲜活。有的还会在帽檐上搭配一些丝穗流苏，更增添了灵气，帽子后部有布帘护住脖颈，下颚还有系带设计。

虎头帽如战士的头盔般保护着孩子的头部，既保暖又舒适。老虎的眼睛和鼻子部位通常用贴布绣和锁绣的工艺手法结合用棉花等填充物进行填充的方式，来增加老虎的立体感和生动性，突出强调其炯炯有神的面部神态，勾勒出朴拙生动的老虎形象。虎头帽通常以各色棉布为主要造型面料，配以其他装饰辅料，如流苏、金银丝线、亮片、珠子等。虎头帽的制作和装饰工艺以刺绣工艺为主，刺绣手法以平绣、贴布绣、戗针绣居多，辅以亮片绣和锁绣等手法。虎头帽的图案具有丰富细腻、写实拙雅、明快自然的审美特征。

一、制作材料和工具

制作虎头帽需要帽样、薄衬布、面布、里布、棉花、五官用布、绣花线、毛线、花边、糨糊等制作材料，还需要剪刀、手缝针、顶针等制作工具。制作帽子的衬布一般较薄，和制作鞋帮的一样，两层棉布的厚度即可。帽身的面布、里布以及老虎的五官用布等布料材质和色彩需相互匹配，常用布料多为棉布、绸缎等，配色协调。

绣花线也是制作虎头帽必不可少的材料，需要根据设计的图案准备相应颜色的线。毛线、花边等则根据设计方案和制作者喜好准备，主要起到装饰作用。糨糊则是用来在制作中将衬布和面料固定，方便制作和穿用。

二、制作步骤

（一）裁剪面布、里布、衬布、虎头五官用布

衬布裁剪均不放缝份，帽身的面布、里布都在原净样板的基础上放 1 厘米缝份，老虎五官用布在衬布净样的基础上根据制作工艺选择加放或不加放。

衬布裁剪的内容包括：帽身两个（图 4-26）、耳朵两个、眉毛两个、眼睛两个、眼珠四个、鼻子一个、嘴巴一个（图 4-27）。衬布裁剪均为净样，不放缝份。

图 4-26 帽身衬布

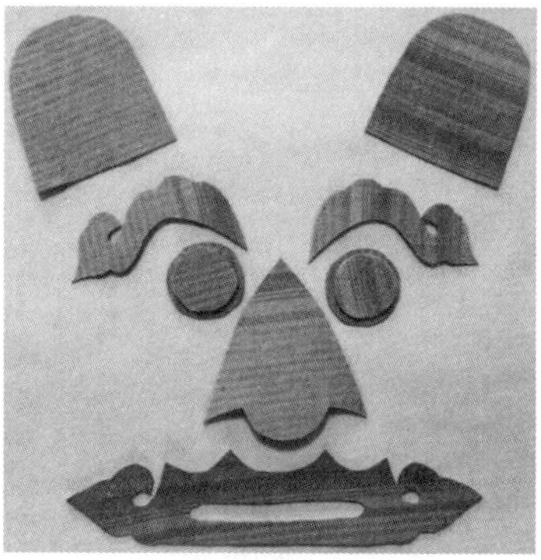

图 4-27 老虎五官衬布

面布裁剪的内容包括：帽身两个（放 1 厘米缝份）；帽身的里布大小、数量和面布相同；老虎五官的面布和衬布数量一致，在衬布基础上加放缝份，先不急于修剪，可以先多留点缝份，防止面料在制作过程中脱丝。

需要注意的是，裁剪的面布需对称，不可裁剪成同一方向。

（二）黏合衬布和面布

每一个部件的衬布都有相应的面布，用刮刀将糨糊均匀涂抹在衬布边缘，中间区域也适量抹一点，将衬布和面布黏合，注意保持布面平整，松紧适宜，粘好后放于干燥处平整晾晒一天左右，等糨糊干透即可（图 4-28、图 4-29）。

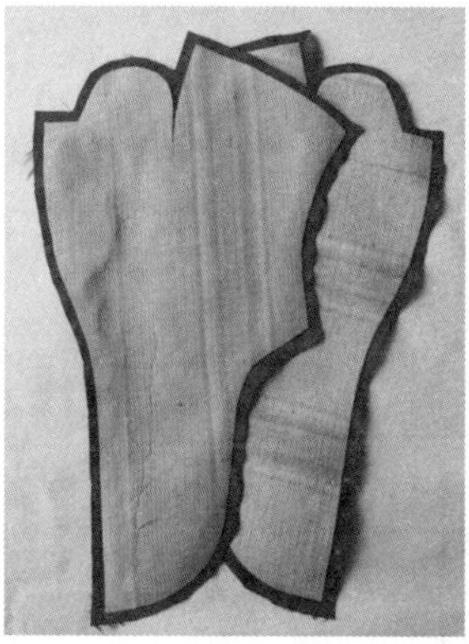

图 4-28 帽身衬布和面布粘合

图 4-29 老虎五官衬布和面布粘合

（三）刺绣

在帽身和老虎五官的面料都是平铺状态时进行刺绣比较方便、顺手，刺绣主要集中在虎头帽的帽身和老虎的眉毛、鼻子、耳朵等部位。这款虎头帽在老虎的鼻子和耳朵上刺绣（图 4-30），刺绣时可以将剪好的花形衬于布料上，也可以将图案画在布料上。因有较挺阔的衬布衬于下面，所以不用绣绷一样可以保持线迹平整。

图 4-30 老虎的耳朵、鼻子刺绣

（四）制作老虎的鼻子、眼睛

将老虎鼻子两边的纵向缝份向反面折转，用环针针法在正面缝制，形成不露毛边的缝迹，使鼻子呈近似圆锥形的造型，环针针法既可以防止布料脱边，又有很好的装饰美化效果。然后在中间填充棉花，让鼻子有立体挺拔的效果。再用同样的针法缝合鼻子下端，即“封口”，封口时注意鼻尖部分的布料应稍加一点缝缩量，使造型美观，缝线不外露。缝好后在两边鼻孔位置缝缀多股毛线装饰，再将毛线修剪整齐，挑开毛线变成毛茸茸的装饰，这样老虎鼻子就做好了（图 4-31~ 图 4-34）。

图 4-31 缝合鼻子纵向边

图 4-32 缝合鼻子下端

图 4-33 缝缀毛线

图 4-34 老虎鼻子完成图

老虎眼睛的制作分眼眶和眼珠两部分，眼眶部分用白色布料制作，在衬布的基础上给面料的一周留 0.5 厘米缝份，将缝份向反面折转，再距离边缘 0.2 厘米处用倒勾针针法手缝，形成有固定缝份的装饰线迹，缝线均匀分布一周（图 4-35、图 4-36）。眼珠部分用黑色布料制作，一个眼珠需要两片布料根据衬布大小修剪，无须留缝份，将两层布料反对反贴合，边缘进行锁针缝，收口前向里填充棉花，将眼珠做成中间凸起的鼓形（图 4-37~ 图 4-39）。

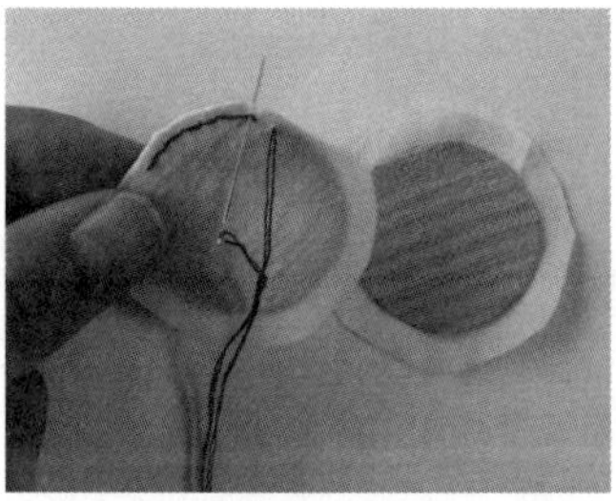

图 4-35　缝制老虎眼眶

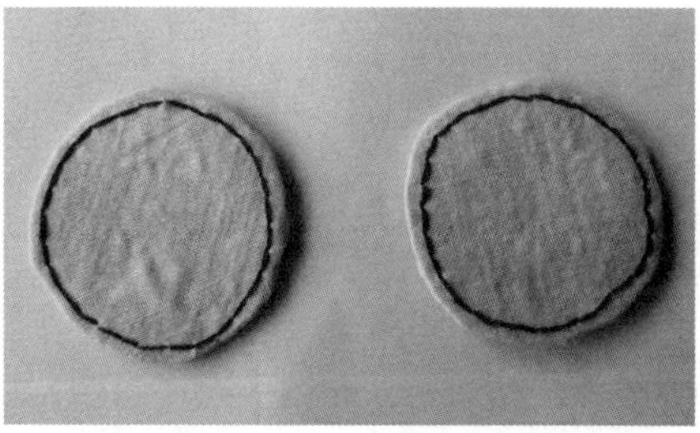

图 4-36　老虎眼眶完成图

图 4-37　老虎眼珠衬布

图 4-38　制作老虎眼珠

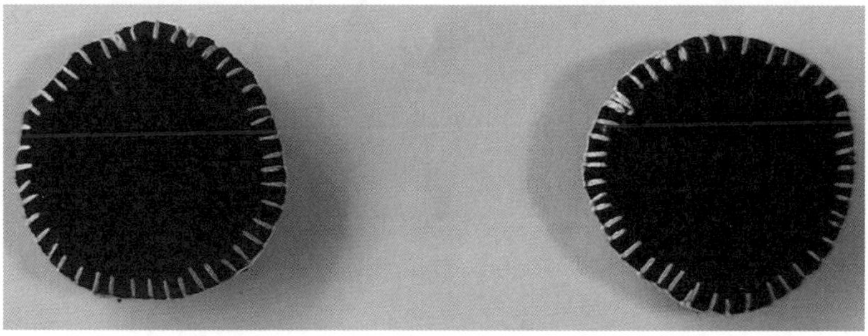

图 4-39　老虎眼珠完成图

（五）缝合前中线

将帽身的前中线用平针针法保持 0.3 厘米针距缝合 1 厘米缝份，缝合好后可大概看出帽子的造型（图 4-40）。

（六）缝缀老虎的眉毛、眼睛、鼻子

将老虎的眉毛部分根据衬布净样修剪去多余布料，根据设计好的位置将眉毛用大针脚固定在帽身上（图 4-41），用两股金线采用盘金绣工艺固定和装饰眉毛边缘，使用盘金绣时针脚要细密，一般为 0.2 厘米一针，布边不易脱边。再将老虎的眼眶和眼珠部分缝缀在帽身上，将做好的鼻子也缝缀在帽身上，注意不要露出固定的针线（图 4-42）。

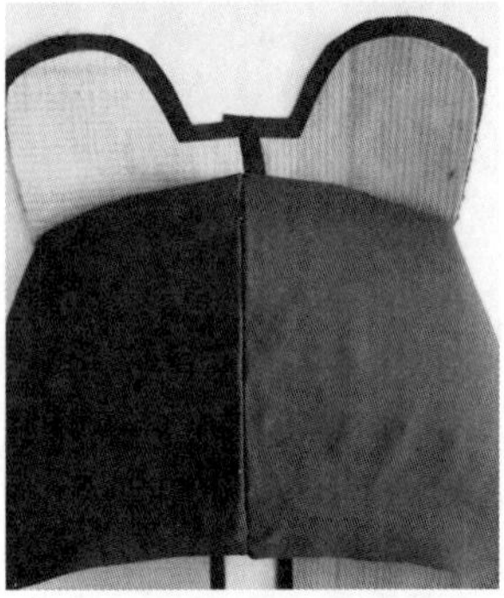
图 4-40　前中线正面图

图 4-41　固定老虎眉毛

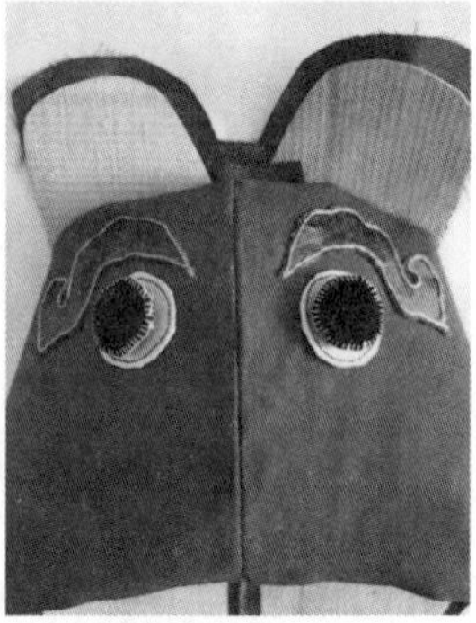
图 4-42　固定老虎眼睛

（七）缝缀虎牙、虎嘴

先将虎嘴部分沿衬布净样修剪，之后裁剪 1.5 厘米 ×1.5 厘米的白色涤纶布块若干，先沿中线对折成长方形，再从反方向对折。将虎牙整齐的摆在虎口处，净边朝上，用大针脚固定（图 4-43）。

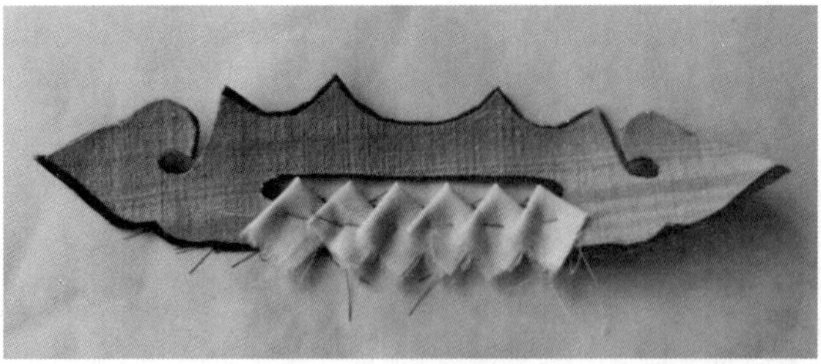
图 4-43　固定虎牙

在虎口处下面衬一层白色涤纶面料，再用大针脚固定在帽身合适位置，虎头五官应左右对称，用四股金线采用盘金绣工艺绣虎嘴边缘（图 4-44~ 图 4-46）。

（八）缝合后中线

老虎的眼睛、鼻子、嘴巴缝合好之后，将帽身后中线采用平针针法缝合。

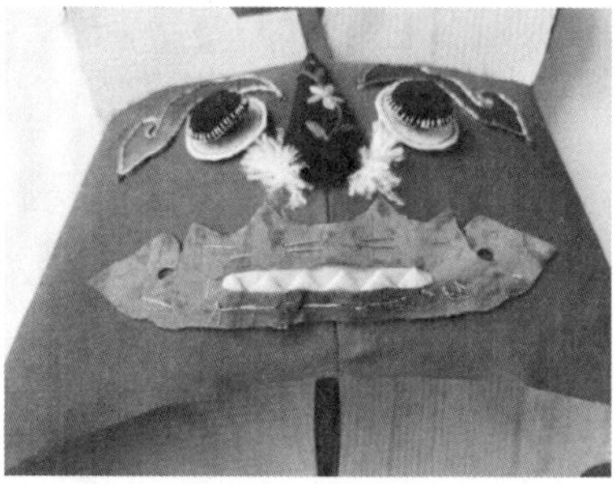

图 4-44 固定虎嘴

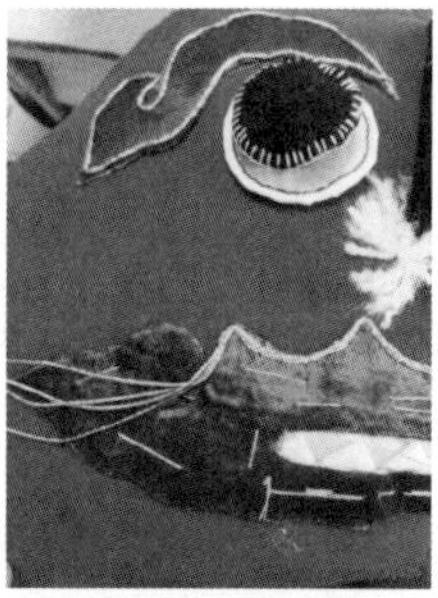

图 4-45 虎嘴处的盘金绣

图 4-46 老虎五官完成图

（九）做帽里

将左、右两边的帽里分别在反面铺上薄薄的棉花，用大针脚将帽里和棉花固定，正对正缝合帽里的前中线和后中线（图 4-47）。

（十）制作系带

将制作系带的布料裁剪成两个宽 2 厘米、长 35 厘米的长条，2 厘米宽度向两边各折转 0.5 厘米，用暗撬针或平针针法进行固定，使毛边不外露，封口也折成净边（图 4-48）。

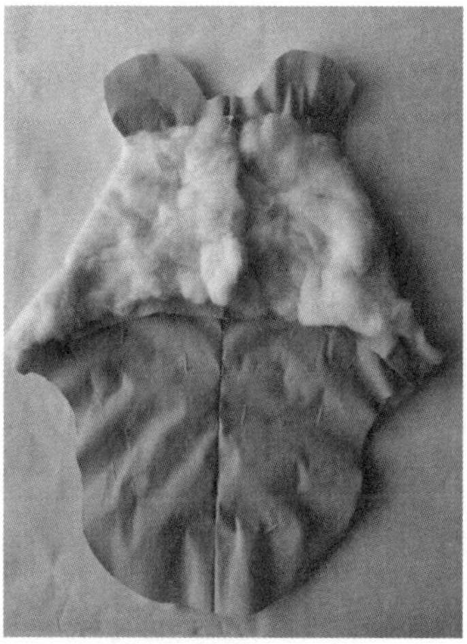

图 4-47 做帽里

图 4-48 系带完成图

（十一）缝合帽身和帽里

将帽身和帽里的面料反对反贴合，帽身外沿放 1 厘米缝份向反面折转，帽里因填有棉花需略松，帽里外沿向反面折转缝份为 0.8 厘米，帽里边缘距离帽身边缘 0.3 厘米，防止帽里外露。在老虎的正脸和披风转折处加入系带，用暗撬针针法将帽里与帽身缝合。

（十二）缝合帽顶和耳朵

帽顶及耳朵处的帽身和里布用大针脚临时固定，沿衬布净样修剪去多余缝份，将帽子翻转为里布在外，提前绣制好的耳朵也沿衬布净样修剪去多余缝份；绣制好的耳朵面布正对正放置，与帽身、帽里一起用环针针法缝合，缝份为 0.3 厘米，帽顶除耳朵处也正对正环针缝合 0.3 厘米（图 4-49）。

将帽子翻转为面布在外，绣制的耳朵和与帽身相连的耳朵反对反放置，用四股绣线进行锁针缝，保持 0.3 厘米的针距缝制（图 4-50）。

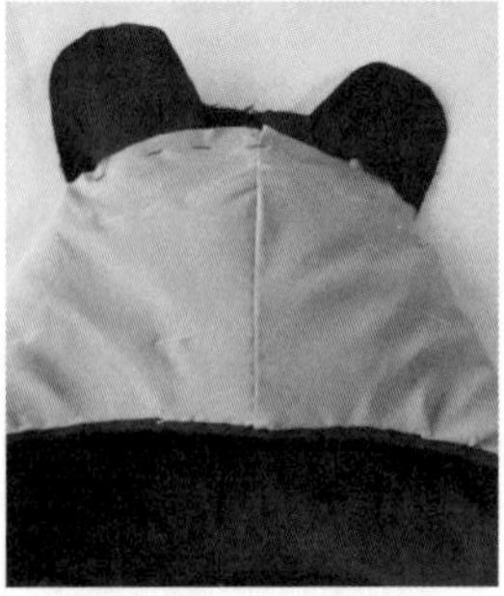

图 4-49　缝合帽顶

图 4-50　缝合耳朵的明线

（十三）缝花边装饰

在帽子外沿用平针针法缝花边装饰，既有美化装饰的作用，也可以将帽身、衬布和帽里固定（图 4-51）。

儿童虎头帽一般分为三层，包括面料、里料和夹层。夹层一般填充有少量棉花，以增加帽子的立体感和保暖性。在儿童虎头帽的制作过程中会使用一种特殊的衬料，这种衬料用废旧的薄棉布经糨糊粘贴制成，干后具有一定的挺括性，之后附着于面料之上。面布和里布在边缘处用斜条绲边固定，斜条颜色一般不同于面布的颜色，这既固定了面布和里布又具有装饰效果。图 4-52 为一件 20 世纪 80 年代手艺人制作的虎头帽，其延续了传统的制作方式，耳朵两侧装饰流苏增加灵动感，帽身后部缝缀莲花形状的布片并绣有花卉纹，莲花下装饰连缀式飘带。

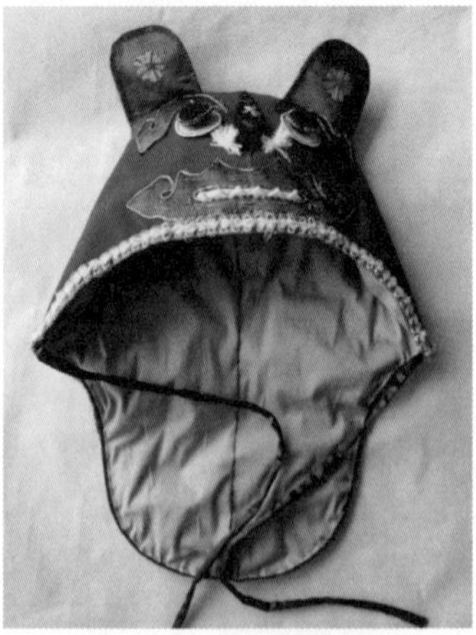

图 4-51　虎头帽完成图

正所谓“千里不同俗，百里不同风”，民俗凝聚了某个特定区域世代相传的传统文化、精神信仰、民间传说、民风民俗等，有着浓郁的乡土气息和地域

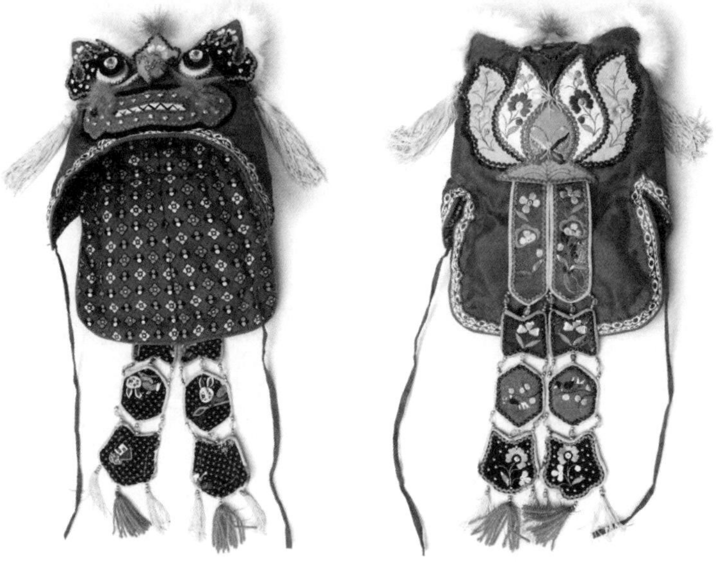

正面　　　　背面

图 4-52　莲花飘带虎头帽

特色。吉祥民俗文化有着古老而又悠久的历史，与生命主题息息相关，体现着人们为了生存和繁衍而存在的心理情感与精神追求，服饰作为民族精神的一种重要物质载体，其中蕴含着深厚的情感语意，通过服饰上的一针一线中表达出来。通过本书的研究与分析可以发现，童装同样受社会政治因素、经济因素和文化因素的影响而带有时代特征和地域特征。虽然近现代中原童装的发展、演变与成人服饰有一定差别，但也有很多服装形制、服饰纹样、工艺技法等设计元素借鉴了成人服饰。古代的服饰规制禁忌在童装中相对宽松，童装形制更多的是受民族生活习俗及社会风尚的影响，在成人服饰的基础上更加丰富活泼。随着朝代的更迭及时代的变迁，童装中的一些品类借鉴了成人服饰的款式和刺绣纹样，但同时人们又根据儿童特殊的生理和心理特征，在成人款式的基础上进行适当的调整，使儿童穿着更加方便。例如，儿童穿用的袄、褂在长度上均短于成人款式，这样更利于儿童的行走和跑跳。

自古以来，儿童在正式的礼仪场合均穿着较为正式的服饰，这样的服饰一般来说更接近成人服饰，往往是"成人的缩小版"。在日常着装中，童装则遵循"实用为主"的原则，尽量穿用简洁、便利、舒适的服饰。有一些只在童装中存在的品类，如围涎、虎头帽、虎头鞋等造型各异，在不断的发展和日积月累的变化中，材料日益丰富，呈现出多元化的设计和瑰丽的色彩。在众多传统中原童装中，有些服饰能够历经岁月洗礼而不变，沿用至今，充分体现了先辈的智慧，也有一些是当时社会环境和生活条件下的产物，随着现代人们生活方式和卫生意识的转变，以及科学技术的提高，一些不符合儿童生理和心理需求的服饰（如开裆裤等）也逐渐消失在人们的生活中。

通过对留传下来的中原童装进行品类划分并探讨其色彩、纹样、工艺等设计元素，我们能够较为全面地了解和掌握近现代中原童装在款式、图案以及工艺上的特点。中原地区的人们将其生存环境、生活习惯、审美情趣、审美喜好、文化特征等因素不断积淀于童装之中，从而形成了具有鲜明特色的近现代中原童装。

参考文献

[1] 王金华. 中国传统服饰：儿童服装[M]. 北京：中国纺织出版社，2017.

[2] 王芙蓉，何炼. 浅析中国传统拼布的工艺手法：以百家衣为例[J]. 轻纺工业与技术，2016，45（5）：55-58.

[3] 温保印. 百家饭和百家衣[J]. 农业知识（百姓新生活），2016（6）：52.

[4] 钟漫天. 中国童装文化[M]. 北京：国际文化出版公司，2019.

[5] 王淑珍，刘远洋. 织绣[M]. 昆明：云南人民出版社，2019.

[6] 汪芳. 中国传统服饰图案解读[M]. 上海：东华大学出版社，2014.

[7] 郑军. 中国传统吉祥文化图说：连年有余[M]. 济南：山东画报出版社，2019.

[8] 陈晋，陈昊月. 铜韵墨语[M]. 长沙：湖南美术出版社，2018.

[9] 梁惠娥，任冰冰. 近代皖北地区儿童鞋帽的审美特征与民俗解读[J]. 丝绸，2020，57（3）：77-83.

[10] 王晓予. 基于中原文化地域的汉族服饰图案艺术表征与民俗内涵研究[D]. 无锡：江南大学，2017.

[11] 王晓予，高卫东. 汉族传统服饰中同形异义图案的辨析[J]. 纺织学报，2017，38（1）：116-120.

[12] 李雁. 中国古代童装研究[D]. 苏州：苏州大学，2015.

[13] 李姗. 清末民初四合如意云肩研究[D]. 北京：北京服装学院，2015.

[14] 亓延. 近代山东服饰研究[D]. 无锡：江南大学，2012.

[15] 邢乐. 近代中原地区汉族服饰文化流变与其现代传播研究[D]. 无锡：江南大学，2017.

［16］卢杰，崔荣荣．清至民国时期汉族无顶童帽研究［J］．丝绸，2016，53（3）：64-68.
［17］卢杰，牛犁，崔荣荣．近代汉族民间童帽的装饰元素［J］．纺织学报，2016，37（4）：119-123.
［18］胡枫．清末民初连缀式云肩研究［D］．武汉：湖北工业大学，2018.
［19］许春梅．近代儿童围涎的艺术特征及民俗内涵［J］．服装学报，2018，3（1）：67-72.
［20］何巧梅．晚清民国儿童围涎研究［D］．北京：北京服装学院，2019.
［21］周丹．当代肚兜服饰的演变研究［D］．长沙：湖南师范大学，2011.
［22］高梦楚．我国近代民间服饰马甲的形制研究与传承［D］．无锡：江南大学，2012.
［23］张矿玲．清代女子马甲的审美文化内涵探析［D］．苏州：苏州大学，2009.
［24］崔荣荣，张竞琼．近代汉族民间服饰全集［M］．北京：中国轻工业出版社，2009.

附　录

附录部分重点展示各童装品类中较有代表性的实物（附图 1～附图 6）。

款式一

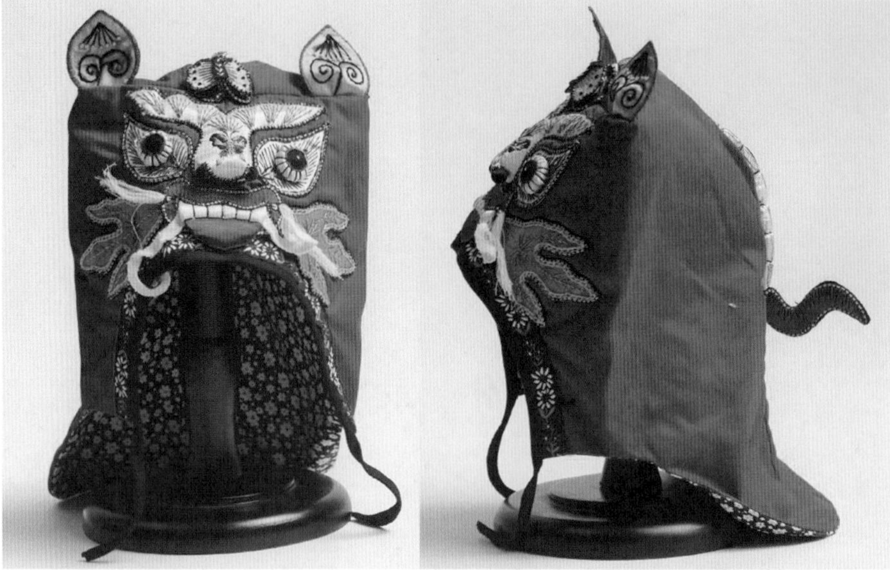

款式二

款式三

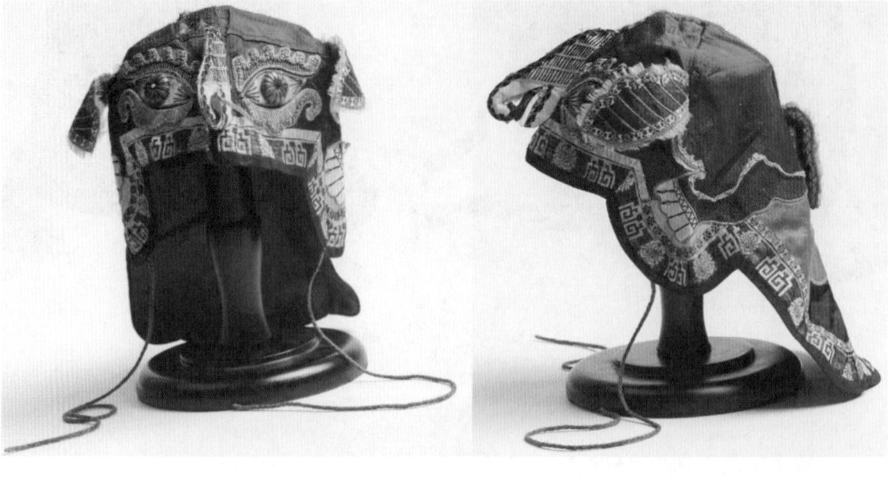

款式四

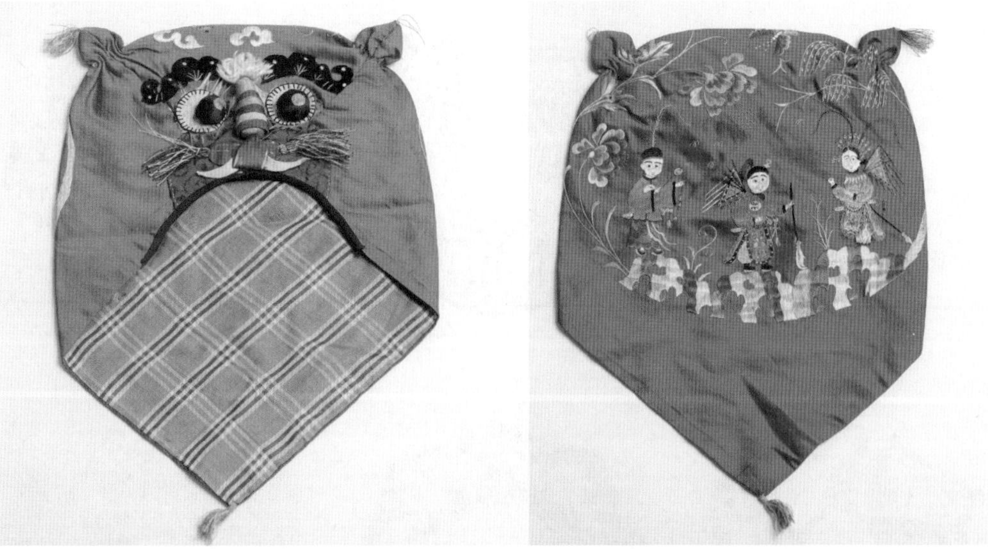

款式五

款式六

附图 1　帽饰

款式一

款式二

款式三

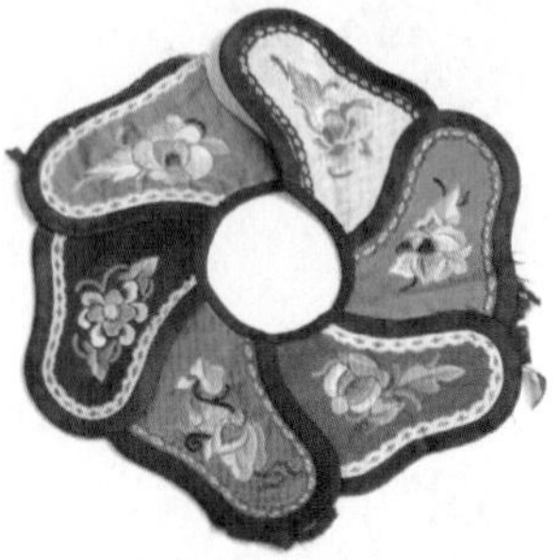
款式四

款式五

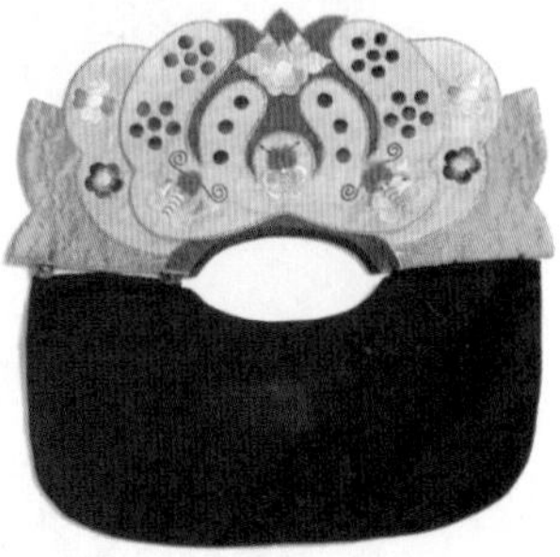
款式六

款式七

款式八

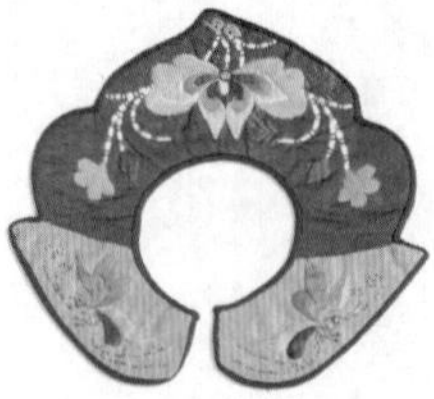
款式九

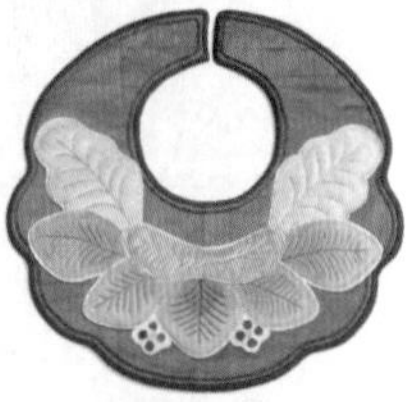
款式十

款式十一

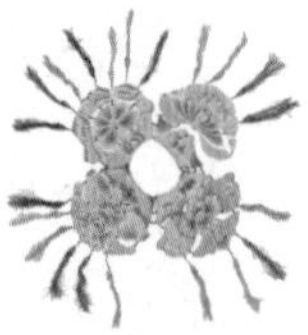
款式十二

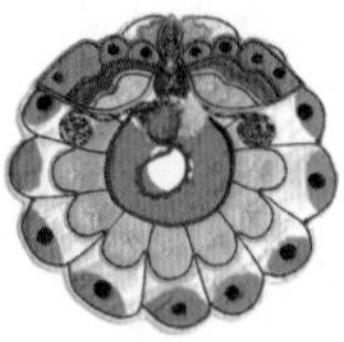
款式十三

款式十四

款式十五

款式十六

款式十七

款式十八

款式十九

款式二十

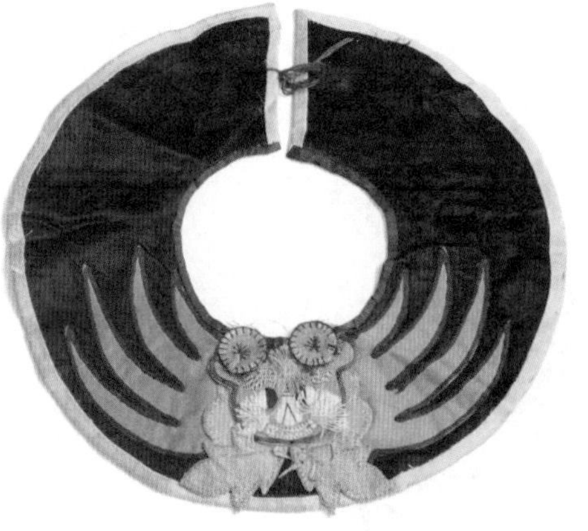

款式二十一

款式二十二

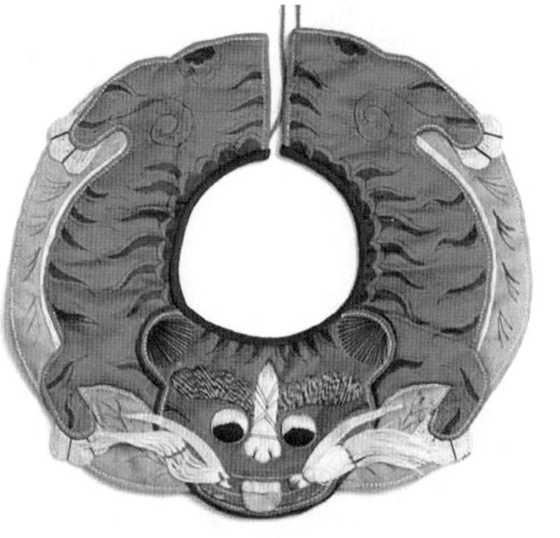

款式二十三

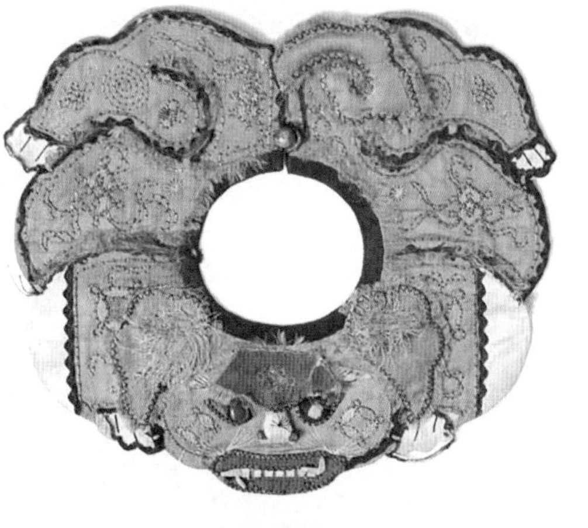

款式二十四

款式二十五

款式二十六

附图 2　围涎

正面

背面

款式一

正面

背面

款式二

正面

背面局部

款式三

正面

背面

款式四

正面

背面

款式五

正面

背面

款式六

正面

背面

款式七

附图 3　上衣

款式一

款式二

款式三

款式四

款式五

款式六

款式七

款式八

款式九

附图 4　肚兜

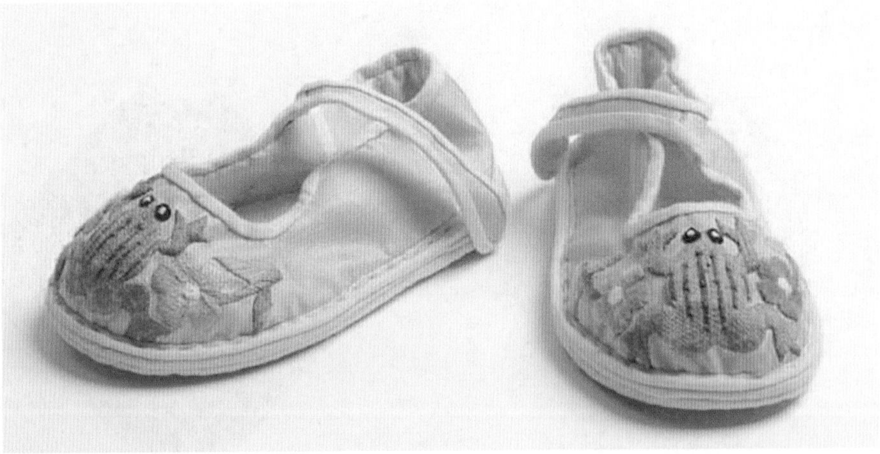

款式一

款式二

款式三

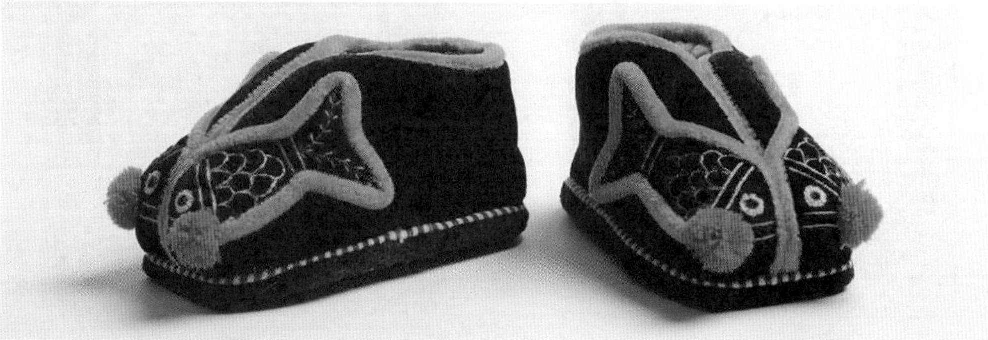

款式四

款式五

附图 5 鞋子

正面

背面

款式一

正面

背面

款式二

正面

背面

款式三

附图 6　背褡